高等数学

（上）

主编　李　东　温罗生

重庆大学出版社

内容提要

本书是编者多年在大学普通教育和网络教育的教学实践中，通过对这些教育方式的切身体验和理解的基础上编写而成。通过对读者的数学基础、学习时间、专业需要等多个方面仔细权衡，选择课程的主要内容和例题，力图通过精简的篇幅呈现该课程的核心内容。本书分为上下两册，上册内容包括：函数、极限与连续，一元函数微分学和一元函数积分学。

本书可作为高等学校网络教育、成人教育、高职高专院校的高等数学教材，也可作为普通高等学校文科类专业高等数学教材。

图书在版编目(CIP)数据

高等数学.上/李东，温罗生主编.—重庆：重庆大学出版社，2014.8

ISBN 978-7-5624-8314-4

Ⅰ.①高… Ⅱ.①李…②温… Ⅲ.①高等数学—高等学校—教材 Ⅳ.①O13

中国版本图书馆 CIP 数据核字(2014)第 137906 号

高等数学
(上)
主 编 李 东 温罗生
策划编辑：唐启秀 杨粮菊
责任编辑：李定群 高鸿宽 版式设计：杨粮菊
责任校对：关德强 责任印制：赵 晟
*
重庆大学出版社出版发行
出版人：邓晓益
社址：重庆市沙坪坝区大学城西路 21 号
邮编：401331
电话：(023) 88617190 88617185(中小学)
传真：(023) 88617186 88617166
网址：http://www.cqup.com.cn
邮箱：fxk@cqup.com.cn(营销中心)
全国新华书店经销
万州日报印刷厂印刷
*
开本：720×960 1/16 印张：13.25 字数：229 千
2014 年 8 月第 1 版 2014 年 8 月第 1 次印刷
印数：1—4 000
ISBN 978-7-5624-8314-4 定价：26.00 元

前言

在编写一本教材之前，总是需要比较系统地查阅国内外同类教材，对课程的目的、内容、特色、使用对象等加以对比研究。实际上，《高等数学》教材尽管种类繁多，其目的和主要内容可以说早有定论。因此，编者们应该集中精力的倒是教材的内容、难度、学时等与使用教材的学生的实际情况相结合，与当前的时代特色相结合，与当前的教育方式相结合。

成人教育和网络教育是当前国内外大学教育的一个重要组成。对课程的实际需求以及其教育方式和传统方式的差异是编写该教材的一个重要动因。针对"高等数学"课程，编者在多年的大学普通教育和网络教育实践的基础上，通过对学生本身的差异性、教育方式的差异性、外部环境的差异性等方面的仔细对比和分析，按照"精、简、趣、新"的原则，编写该教材。在编写过程中，尽量地做到以下一些特色：

1. 尽量简洁地给出问题的基本概念、基本理论、基本方法，不过多追求理论的完整性和系统性，选择直接反映基本理论和基本方法的例题，不过多追求计算的复杂性和技巧性。

2. 对于基本概念、基本理论和基本方法，大量使用"注"的方式说明注意事项、使用方法等，将这些一般在课堂上使用的"诀窍"放入教材之中，使读者自学更加容易。

3. 教材注重趣味性，将所涉及的历史人物、历史事件等尽量在相应的内容下呈现出来；同时在教材的制作上尽量体现轻松活泼的气氛。

4. 受众多网络教学，如"慕课"和"爱课程"的启发，编写教材的时候尽量与片段式的录像相结合，让读者能在较短的时间内对一个相对独立的知识点进行理解和掌握。

5. 习题的编写也尽量和网络教学相结合，较多地采用选择和判断题的方式，以便进行网上自测。

本教材分为上下册，上册由李东副教授编写，温罗生副教授负责各章节的习题编写；下册由温罗生副教授编写，李东副教授负责所有习题的编写。

本教材的出版得到了重庆大学网络教育学院和重庆大学出版社的大力支持，我们表示衷心的感谢。

由于时间较紧，加之编者水平有限，书中缺点和错误在所难免，恳请广大同行、读者批评指正。

编　者

2014 年 5 月

目录 CONTENS

第1章　函数、极限与连续

自然界和社会是永远运动变化的，反馈到数学里就是变量，自然科学和社会科学研究的是自然界和社会的规律，这些规律反馈到数学里面就是函数. 高等数学利用极限方法研究变量，探索规律. 本章将介绍变量、函数、极限和函数的连续性等基本概念和性质，以及一些相关的运算法则.

1.1　函　数

1.1.1　集合、区间和邻域

(1) 集合的概念

一般地，把一定范围的、确定的、可以区别的事物的总体称为**集合**（或简称集），其中的各事物称为集合的**元素**. 例如，全体英文字母构成一个集合，班上的所有学生构成一个集合. 通常用大写字母 $A,B,C,\cdots$ 表示集合，用小写字母 $a,b,c,\cdots$ 表示元素. 如果 a 是集合 A 中的元素，就说 a 属于 A，记为 $a\in A$，否则就说 a 不属于 A，记为 $a\notin A$.

下面举几个集合的例子.

例1.1　全体奇数.

例1.2　$x^2-3x+2=0$ 的根.

例1.3　直线 $x+y-1=0$ 与圆 $x^2+y^2=2$ 的所有交点.

以后用到的集合主要是**数集**（元素都是数的集合）. 全体自然数组成的集合称为**自然数集**，记作 $\mathbf{N}$；全体整数的集合称为**整数集**，记作 $\mathbf{Z}$；全体有理数组成的集合称为**有理数集**，记作 $\mathbf{Q}$；全体实数组成的集合称为**实数集**，记作 $\mathbf{R}$.

注1.1 集合在数学上是一个基础概念.基础概念是不能用其他概念加以定义的概念.

注1.2 集合具有确定性,即集合的元素必须是确定的,如“成绩较好的人”不能构成集合,因为它的元素不是确定的.

注1.3 集合具有互异性,即集合中的元素是互不相同、可区别的.

注1.4 集合具有无序性,如$\{a,b,c\}$和$\{c,b,a\}$表示同一个集合.

(2)集合的表示法

列举法:把集合的元素一一列举出来,并用“$\{\}$”括起来,如$A=\{1,2\}$.

描述法:用集合所有元素的共同特征来表示.

(3)集合间的关系

1)子集

如果集合A中的元素都是集合B的元素,称集合A为集合B的**子集**,记为$A\subset B$(读作A包含于B),或$B\supset A$(读作B包含A).例如,$\mathbf{N}\subset\mathbf{Z}$,$\mathbf{Z}\subset\mathbf{Q}$,$\mathbf{Q}\subset\mathbf{R}$.

例1.4 设集合$A=\{1,2,3,4,5,6\}$, $B=\{2,4,6\}$,则$B\subset A$.

2)相等

如果集合A是集合B的子集,且集合B是集合A的子集,此时集合A中的元素与集合B中的元素完全一样,称**集合A与集合B相等**,记为$A=B$.

例1.5 设$A=\{1,2\}$,$M=\{x\mid x^2-3x+2=0\}$,则$A=M$.

3)空集

不含任何元素的集合称为**空集**,记为$\varnothing$.并规定,空集是任何集合的子集.

注1.5 任何一个集合是它本身的子集,即$A\subset A$.

注1.6 对于集合A,B,C,如果A是B的子集,B是C的子集,则A是C的子集,即子集的关系具有传递性.

(4)集合的基本运算

1)并集

以属于A或属于B的元素组成的集合称为A与B的**并(集)**,记为$A\cup B$(或$B\cup A$),读作“A并B”(或“B并A”),即$A\cup B=\{x\mid x\in A,或x\in B\}$.

2)交集

以属于A且属于B的元素组成的集合称为A与B的**交(集)**,记为$A\cap B$(或

$B\cap A$),读作"A 交 B"(或"B 交 A"),即 $A\cap B=\{x\mid x\in A$,且 $x\in B\}$.

3)差集

以属于 A 而不属于 B 的元素组成的集合称为 A 与 B 的**差(集)**,记为 $A-B$.

4)全集

如果一个集合含有在研究问题中涉及的所有元素,那么就称这个集合为**全集**.通常记为 $\mathbf{U}$.

5)补集

属于全集 $\mathbf{U}$ 而不属于集合 A 的元素组成的集合称为集合 A 的**补集**,记为 $\overline{A}$,即 $\overline{A}=\{x\mid x\in\mathbf{U}$,且 x 不属于 $A\}$.

例 1.6 设 $A=\{x\mid -1\leqslant x\leqslant 1\}$,$B=\{x\mid x\geqslant 0\}$,则

$$A\cup B=\{x\mid x\geqslant -1\}$$

$$A\cap B=\{x\mid 0\leqslant x\leqslant 1\}$$

$$A-B=\{x\mid -1\leqslant x<0\}$$

由于考虑的是实数,故全集为 $\mathbf{R}$,因此 $\overline{B}=\{x\mid x<0\}$.

注 1.7 在求并集时,它们的公共元素在并集中只能出现一次,如 $\{1,3,5\}\cup\{1,2,5\}=\{1,2,3,5\}$.

(5)区间的概念

介于某两个实数之间的全体实数的集合可以用区间来表示,这两个实数称为**区间的端点**.

设 $\forall a,b\in R$,$a<b$,称

$$\{x\mid a<x<b\} \tag{1.1}$$

为**开区间**,记为 (a,b),如图 1.1 所示.

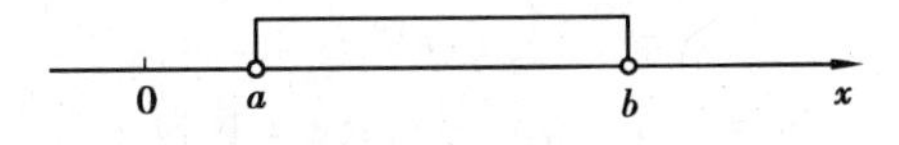

图 1.1 开区间在数轴上的示意图

称

$$\{x\mid a\leqslant x\leqslant b\} \tag{1.2}$$

为**闭区间**,记作 $[a,b]$,如图 1.2 所示.

类似的,称

$$[a,b)=\{x\mid a\leqslant x<b\} \tag{1.3}$$

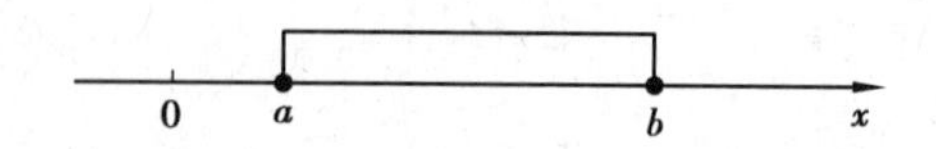

图 1.2 闭区间在数轴上的示意图

和

$$(a,b] = \{x \mid a < x \leqslant b\} \tag{1.4}$$

为**半开区间**. 以上这些区间都称为**有限区间**,两端点间的距离(线段的长度)称为**区间的长度**. 引进记号 $+\infty$ 和 $-\infty$ 后,可表示**无限区间**,例如:

$$[a, +\infty) = \{x \mid x \geqslant a\} \tag{1.5}$$

$$(-\infty, b) = \{x \mid x < b\} \tag{1.6}$$

$$(-\infty, +\infty) = \{x \mid -\infty < x < +\infty\} \tag{1.7}$$

注 1.8 在未来的学习中,区间的使用较多,直接使用集合较少.

(6)邻域的概念

以 a 为中心的任何开区间称为 a 的**邻域**,记为 $U(a)$. 设 δ 是任一正数,则开区间$(a-\delta,a+\delta)$就是点 a 的一个邻域,这个邻域称为**点 a 的 δ 邻域**,记为 $U(a,\delta)$. 即

$$U(a,\delta) = (a-\delta, a+\delta) \tag{1.8}$$

点 a 称为**邻域的中心**,δ 称为**邻域的半径**,如图 1.3 所示.

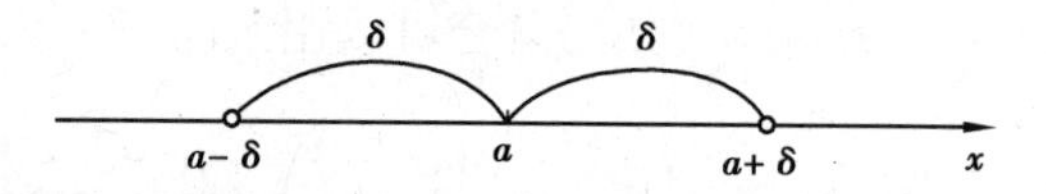

图 1.3 邻域在数轴上的示意图

点 a 的 δ 邻域去掉中心 a 后,称为点 a 的**去心 δ 邻域**,记为$\mathring{U}(a,\delta)$,即

$$\mathring{U}(a,\delta) = (a-\delta, a) \cup (a, a+\delta) \tag{1.9}$$

例 1.7 $|x-5|<1$ 表示以 $a=5$ 为中心,$\delta=1$ 为半径的邻域,也表示开区间$(4,6)$. 而 $0<|x-5|<1$ 表示以 $a=5$ 为中心,$\delta=1$ 为半径的去心邻域,也表示开区间$(4,5)\cup(5,6)$.

1.1.2 常量与变量

在观察某一现象的过程时,通常会遇到各种不同的量,其中有的量在过程中不

起变化,把其称为**常量**;有的量在过程中是变化的,也就是可以取不同的数值,则把其称为**变量**.

例如,铁球自由落体时,其质量和体积是常量,而下降的速度是变量.

通常用字母 a,b,c 表示常量,用 x,y,z 表示变量. 如果变量的变化是连续的,则常用区间来表示其变化范围. 例如,设变量 x 取值为开区间 (a,b) 任何实数,则可表示为 $x\in(a,b)$.

注 1.9 在某些过程中还有一种量,它虽然是变化的,但是它的变化相对于所研究的对象是极其微小的,则把它看作常量.

1.1.3 函数的概念

变量之间往往存在依赖关系,这种依赖关系就是函数关系,先举两个关于依赖关系的例子.

例 1.8 考虑圆的面积 S 和它的半径 r 之间的依赖关系. 由圆的面积公式可知,它们之间的关系为

$$S = \pi r^2 \tag{1.10}$$

当半径 r 在区间 $(0,+\infty)$ 内任取一个值时,就可通过该公式确定圆的面积 S.

例 1.9 自由落体运动. 设物体下落的时间为 t,落下的距离为 s,假定开始下落的时刻为 $t=0$,则 s 与 t 之间的依赖关系为

$$s = \frac{1}{2}gt^2 \tag{1.11}$$

假定落地的时刻为 $t=T$,则当时间 t 在闭区间 $[0,T]$ 上任取一个值时,就可通过该公式确定下落的距离 s.

从上面两个例子可知,它们都表达了两个变量之间的依赖关系,这种依赖关系给出了一种对应法则,当其中一个变量在其变化范围内任取一个数值时,另一个变量就有确定的值与之对应. 变量之间这种对应的依赖关系就是函数概念的实质. 接下来用集合的语言给出函数的定义.

如果当变量 x 在其变化范围 D(一个给定的数集)内任意取定一个数值时,变量 y 按照一定的法则 f 总有确定的数值与它对应,则称 y 是 x 的**函数**. 记为 $y=f(x)$. 变量 x 的变化范围称为这个**函数的定义域**. 通常 x 称为**自变量**,y 称为**因**

变量,当 x 取值 x_0 时,与 x_0 对应的 y 的数值称为 $y=f(x)$ 在点 x_0 处的**函数值**,变量 y 的变化范围称为这个**函数的值域**.

由函数的定义可知,一个函数的构成要素为定义域、对应法则和值域. 由于值域是由定义域和对应法则决定的,因此,如果两个函数的定义域和对应法则完全一致,就称两个**函数相等**.

例 1.10 若 $y=\sqrt{-x^2-1}$,对于任意的 x,变量 y 没有确定的数值与之对应,因此 $y=\sqrt{-x^2-1}$不是函数.

例 1.11 判断函数 $f(x)=x$ 和 $g(x)=\sqrt{x^2}$是否相等.

解 由于 $g(x)=\sqrt{x^2}$,两个函数的定义域都是$(-\infty,+\infty)$,其定义域和对应法则都一致,故两个函数相等.

例 1.12 判断函数 $f(x)=(x-1)^0$,$g(x)=1$ 是否相等.

解 由于 $f(x)$定义域为 $x\neq 1$,而 $g(x)$的定义域为$(-\infty,+\infty)$,故两个函数不相等.

例 1.13 求函数 $y=\sqrt{1-x^2}$的定义域.

解 欲使原函数有意义,则必须 $1-x^2\geqslant 0$,因此 $-1\leqslant x\leqslant 1$,故原函数的定义域为$[-1,1]$.

例 1.14 求函数 $y=\dfrac{1}{\sqrt{1-x^2}}$的定义域.

解 欲使原函数有意义,则必须 $1-x^2>0$,因此 $-1<x<1$,故原函数的定义域为$(-1,1)$.

注 1.10 为了表明 y 是 x 的函数,用记号 $y=f(x)$来表示. 这里的字母"f"表示 y 与 x 之间的对应法则即函数关系,它可以任意采用不同的字母来表示(大小写均可).

注 1.11 如果没有指明函数的定义域,则定义域是自变量所能取的使算式有意义的一切实数值,实际问题的定义域还须根据实际意义确定.

以上所举例子中的函数均是用数学式子表示自变量与因变量之间的对应关系,这种函数的表示方法称为**解析法**. 实际中,函数的表示方法还有表格法和图示法.

表格法是将一系列的自变量值与对应的函数值列成表来表示函数的方法. 如

在实际应用中，经常看到的三角函数表就是表格法表示的函数.

例 1.15 某城市一年里各月份的用电量见表 1.1.

表 1.1 某城市一年里各月份的用电量/[$\times 10^7 \cdot (kW \cdot h)$]

月份 t	1	2	3	4	5	6	7	8	9	10	11	12
用电量 s	28	30	24	25	26	27	31	34	32	29	27	27

图示法是用坐标平面上曲线来表示函数的方法. 一般用横坐标表示自变量，纵坐标表示因变量.

例 1.16 $y = x^2$ 图示法表示的曲线示意图如图 1.4 所示.

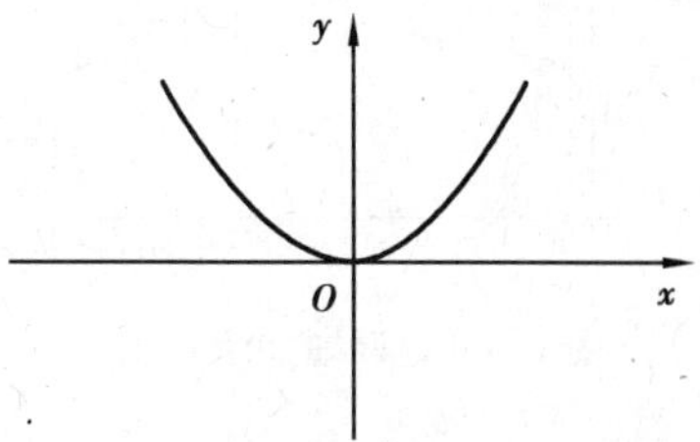

图 1.4 $y = x^2$ 图示法表示的曲线示意图

如果自变量在定义域内任取一个确定的值时，函数只有一个确定的值和它对应，这种函数称为**单值函数**，否则称为**多值函数**. 例 1.13 和例 1.14 都是单值函数. $x^2 + y^2 = a^2$所确定的 y 关于 x 的函数就是多值函数. 在本书中，只讨论单值函数.

1.1.4 函数性质

(1)有界性

设函数 $f(x)$ 的定义域为 D，如果对属于某一区间 $X \subset D$ 的所有 x 值恒有

$$|f(x)| \leqslant M \tag{1.12}$$

总成立，其中 M 是一个与 x 无关的常数，那么就称 $f(x)$ 在区间 X 内**有界**，否则称**无界**. 当 $X = D$ 时，就称函数的整个定义域内**有界**. 如果一个函数在其整个定义域内有界，则称为**有界函数**.

如函数 $\cos x$ 在 $(-\infty, +\infty)$ 内是有界的，$y = \dfrac{1}{x}$ 在 $(0,1)$ 上是无界的.

(2)函数的单调性

如果函数 $f(x)$ 在区间 (a,b) 内随着 x 增大而增大，即对于 (a,b) 内任意两点 x_1 及 x_2，当 $x_1 < x_2$ 时，恒有

$$f(x_1) < f(x_2) \tag{1.13}$$

则称函数$f(x)$在区间(a,b)内是**单调增加**的(见图1.5).如果函数$f(x)$在区间(a,b)内随着x增大而减小,即对于(a,b)内任意两点x_1及x_2,当$x_1<x_2$时,恒有

$$f(x_1) > f(x_2) \tag{1.14}$$

则称函数$f(x)$在区间(a,b)内是**单调减小**的(见图1.6).

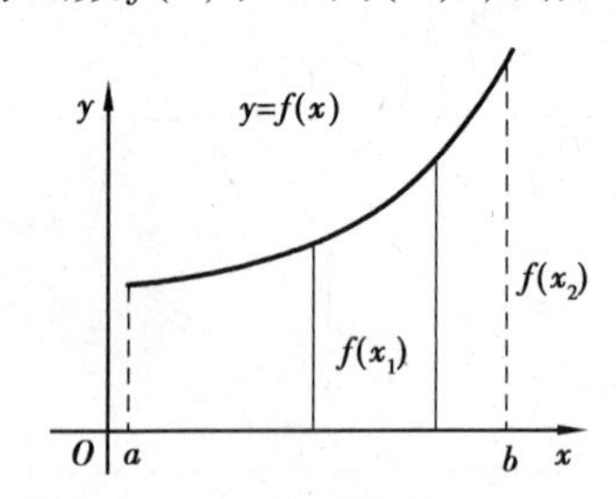

图1.5 单调增加示意图

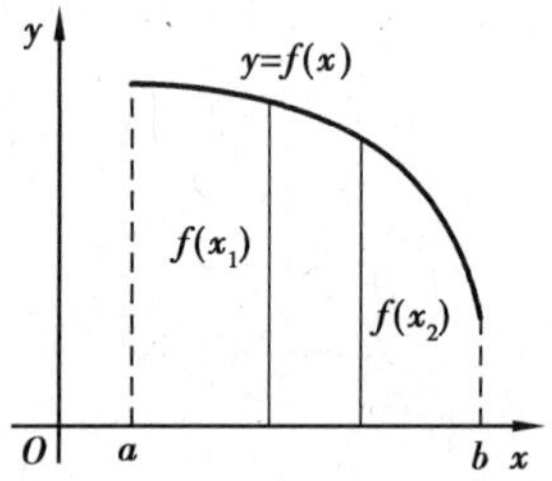

图1.6 单调减少示意图

例1.17 判断函数$f(x)=x^2+1$在区间$(0,+\infty)$和$(-\infty,0)$上的单调性.

解 对于区间$(0,+\infty)$上任意两点x_1及x_2,当$x_1<x_2$时,有$x_1^2+1<x_2^2+1$,故$f(x_1)<f(x_2)$,因此函数$f(x)=x^2+1$在区间$(0,+\infty)$上是单调增加的.

类似可以判定函数$f(x)=x^2+1$在区间$(-\infty,0)$上是单调减小的.

(3)函数的奇偶性

设函数$f(x)$的定义域为D,D关于原点对称,如果$f(x)$对于任意$x\in D$,都满足

$$f(-x) = f(x) \tag{1.15}$$

则$f(x)$称为**偶函数**;如果函数$f(x)$对于定义域内的任意x都满足

$$f(-x) = -f(x) \tag{1.16}$$

则$f(x)$称为**奇(读作 ji)函数**.

例1.18 判断函数$f(x)=x^3$的奇偶性.

解 由于$f(x)$的定义域为全体实数,故其定义域关于原点对称.

又由于$f(-x)=(-x)^3=-x^3=-f(x)$,因此函数$f(x)=x^3$为奇函数.

例1.19 判断函数$f(x)=2x^4+x^2+1$的奇偶性.

解 由于$f(x)$的定义域为全体实数,故其定义域关于原点对称.

又由于$f(-x)=2(-x)^4+(-x)^2+1=2x^4+x^2+1=f(x)$,因此函数$f(x)=2x^4+x^2+1$为偶函数.

给出几个结论让读者自行验证,并总结一些规律:$y=x$,$y=\sqrt[3]{x}$,$y=\sin x$,$y=x\cos x$,$y=x^2\sin x$,$y=\dfrac{e^x-e^{-x}}{2}$在定义域上都是奇函数;$y=x^2$,$y=\sqrt{1-x^2}$,$y=e^{-x^2}$,

$y=\frac{\sin x}{x}, y=\cos x, y=x^2\cos x, y=\frac{e^x+e^{-x}}{2}$在定义域上是偶函数；$y=\cos x+\sin x$ 在定义域上既不是奇函数，也不是偶函数.

注 1.12 偶函数的图形关于 y 轴对称，如图 1.7 所示.

注 1.13 奇函数的图形关于原点对称，如图 1.8 所示.

注 1.14 式(1.15)等价于$f(-x)-f(x)=0$，式(1.16)等价于$f(-x)+f(x)=0$，以后常用这两个式子判断函数的奇偶性.

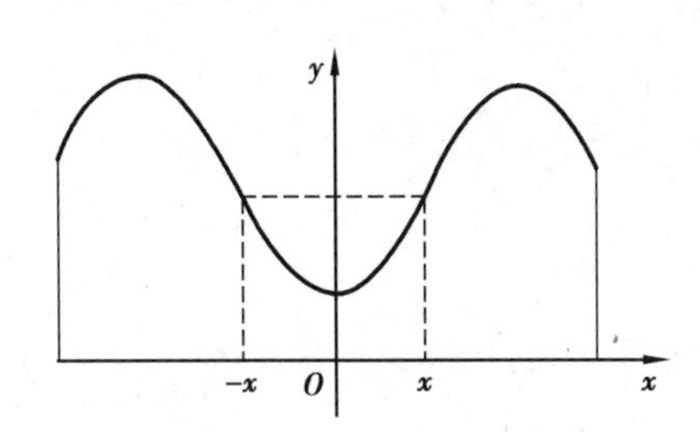

图 1.7 偶函数示意图

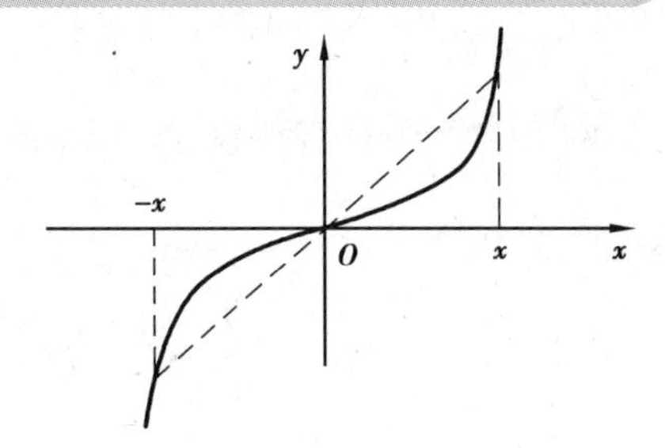

图 1.8 奇函数示意图

(4) 函数的周期性

设函数$f(x)$的定义域为 D，对于函数$f(x)$，若存在一个不为零的实数 T，对任意的 $x\in D$，有 $x\pm T\in D$，且有关系式

$$f(x+T)=f(x) \tag{1.17}$$

恒成立，则$f(x)$称为周期函数，T 是$f(x)$的**周期**.

例如，函数 $\sin x$ 是以 2π 为周期的周期函数；函数 $\tan x$ 是以 π 为周期的周期函数.

注 1.15 周期函数的周期常指最小正周期.

1.1.5 分段函数

有一类函数在自变量的不同变化范围中，对应法则用不同的式子来表示，这样的函数称为**分段函数**. 详见下面的例子.

例 1.20 函数$f(x)=\begin{cases}2x-1 & x>0\\ x^2-1 & x\leqslant 0\end{cases}$的定义域为$(-\infty,+\infty)$，它的图形如图 1.9 所示.

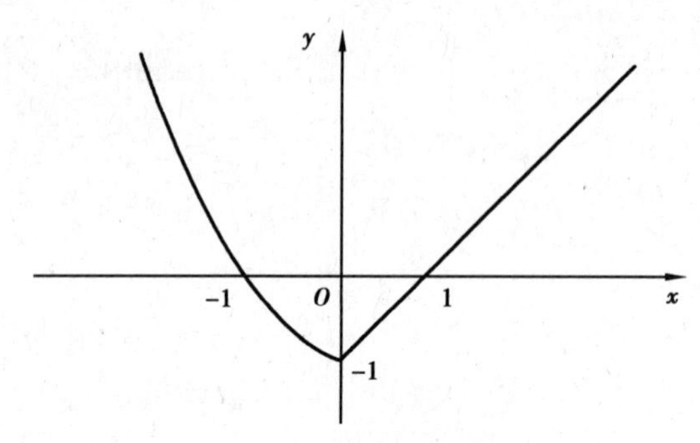

图 1.9　分段函数的图形

例 1.21　绝对值函数 $y=|x|=\begin{cases} x & x\geqslant 0 \\ -x & x<0 \end{cases}$ 的定义域为 $(-\infty,+\infty)$，它的图形如图 1.10 所示.

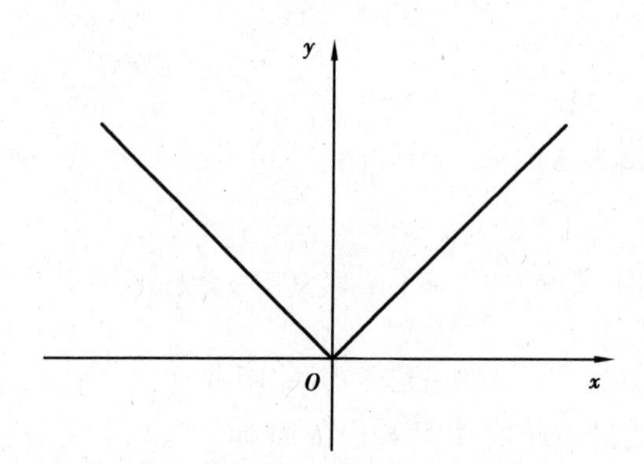

图 1.10　绝对值函数的图形

例 1.22　符号函数 $y=\operatorname{sgn} x=\begin{cases} 1 & \text{当 } x>0 \\ 0 & \text{当 } x=0 \\ -1 & \text{当 } x<0 \end{cases}$，它的定义域是 $(-\infty,+\infty)$，值域是 $\{-1,0,1\}$，它的图形如图 1.11 所示，对于任何的实数，均有 $x=\operatorname{sgn} x\cdot|x|$.

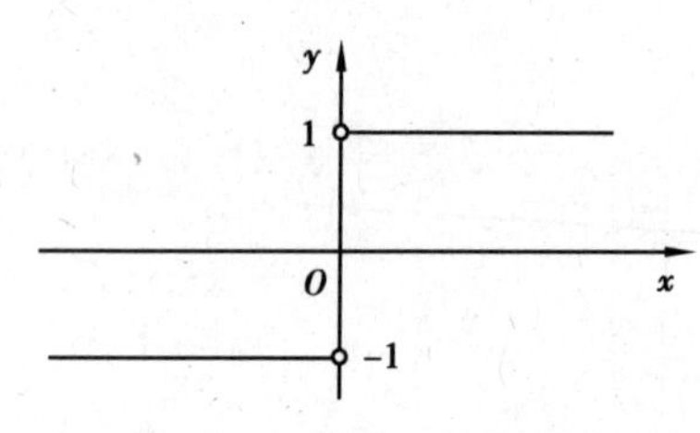

图 1.11　符号函数的图形

注 1.16 几个式子表示的分段函数,不仅与函数的定义不矛盾,而且常见于实际应用中.

1.1.6 反函数

(1) 反函数的定义

当两个变量之间存在函数关系时,哪个为自变量,哪个为因变量,往往并不是固定的.

设函数 $f(x)$ 的定义域为 D,值域为 W,对于函数 $f(x)$,如果对于任意的 $y \in W$,通过关系式 $y=f(x)$,都有确定的 $x \in D$ 与之对应,从而得到一个定义在 W 上的以 y 为自变量、x 为因变量的函数. 这个函数称为 $y=f(x)$ 的**反函数**,记为

$$x = f^{-1}(y) \tag{1.18}$$

这个函数的定义域为 W,值域为 D,相对于反函数来讲,原函数 $y=f(x)$ 称为**直接函数**.

虽然直接函数 $y=f(x)$ 是单值函数,但反函数 $x=f^{-1}(y)$ 不一定是单值的,例如,$y=x^2$ 的定义域为 $(-\infty, +\infty)$,值域为 $[0, +\infty)$,但任取 $y \neq 0$,则适合关系式 $y=x^2$ 的数值 x 有两个,一个是 $x=\sqrt{y}$,另一个是 $x=-\sqrt{y}$,所有 $y=x^2$ 的反函数是多值函数,即 $x=\pm\sqrt{y}$.

由于在本书中只讨论单值函数,往往通过限定直接函数的定义域,达到反函数是单值函数的目的,此时自变量的取值和函数值一一对应. 例如,$y=x^2$ 的定义域限定为 $x \in (0, +\infty)$ 时,其反函数是单值的,即 $x=\sqrt{y}$.

习惯上,把自变量写成 x,因变量写成 y,函数 $y=f(x)$ 的反函数写为

$$y = f^{-1}(x) \tag{1.19}$$

例如,函数 $y=x^2$,定义域为 $x \in (0, +\infty)$;该函数的反函数为 $y=\sqrt{x}$.

注 1.17 由此定义可知,函数 $y=f(x)$ 和 $y=f^{-1}(x)$ 互为反函数.

(2) 反函数的性质

性质 1.1 原函数的定义域是反函数的值域,原函数的值域是反函数的定义域.

性质 1.2 在同一直角坐标系下，$y=f(x)$ 与 $y=f^{-1}(x)$ 的图形是关于直线 $y=x$ 对称的.

例 1.23 函数 $y=2^x$ 与函数 $y=\log_2 x$ 互为反函数，则它们的图形在同一直角坐标系中是关于直线 $y=x$ 对称的，如图 1.12 所示.

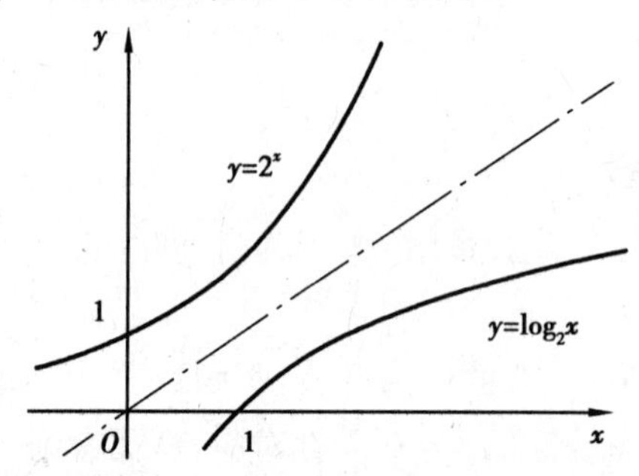

图 1.12 直接函数与反函数关于 $y=x$ 对称

性质 1.3 一个函数与它的反函数在相应区间上单调性一致. 即如果在区间 D 上定义的函数是单调递增(减)的，则其反函数也是单调递增(减)的.

例如，函数 $y=x^3$ 在 $(-\infty,+\infty)$ 上是严格单调递增的，其反函数 $y=\sqrt[3]{x}$ 在 $(-\infty,+\infty)$ 上也是严格单调递增的.

(3) 反函数的求法

根据定义，求解反函数需要以下 3 步：

①解出 x.

②互换 x 和 y 的位置.

③标出定义域.

以上 3 步称为求反函数的解、换、标.

例 1.24 求 $y=\sqrt[3]{x+1}$ 的反函数.

解 从原函数中解出 x，得

$$x=y^3-1$$

互换 x 和 y，得

$$y=x^3-1$$

因此，原函数的反函数为

$$y=x^3-1, x\in(-\infty,+\infty)$$

1.1.7 隐函数

前面研究的函数都具有 $y=f(x)$ 的形式，这种把因变量 y 写成自变量 x 的解析式直接表示出来的函数称为**显函数**. 但是有些函数的自变量和因变量之间的对应法则是由二元方程 $F(x,y)=0$ 所确定，这种由二元方程所确定的函数称为**隐函数**.

例如，二元方程 $e^{xy}-\frac{y}{x}-1=0$ 所确定的 y 与 x 的函数就是隐函数.

1.1.8 由参数方程确定的函数

还有一类函数既不是显函数，也不是隐函数. 其自变量 x 和因变量 y 都是某个中间变量 t 的函数 $\begin{cases}x=\varphi(t)\\y=g(t)\end{cases}$ $t\in T$，这样的方式所确定的 y 关于 x 的函数 $y=f(x)$ 称为**由参数方程确定的函数**.

例如，参数方程 $\begin{cases}x=3\cos\theta\\y=3\sin\theta\end{cases}$ $\theta\in[0,2\pi]$ 表示圆心在原点、半径为 3 的圆.

习题 1.1

1. 选择题：

(1) 区间 $[a,+\infty)$ 表示不等式(　　).

A. $a<x<+\infty$　　B. $a\leqslant x<+\infty$　　C. $a<x$　　D. $a\geqslant x$

(2) 若 $\varphi(t)=t^3+1$，则 $\varphi(t^3+1)=$(　　).

A. t^3+1　　B. t^6+2　　C. t^9+2　　D. $t^9+3t^6+3t^3+2$

(3) 下列函数 $f(x)$ 与 $g(x)$ 相等的是(　　).

A. $f(x)=x^2,\ g(x)=\sqrt{x^4}$　　B. $f(x)=x,\ g(x)=(\sqrt{x})^2$

C. $f(x)=\frac{\sqrt{x-1}}{\sqrt{x+1}},\ g(x)=\sqrt{\frac{x-1}{x+1}}$　　D. $f(x)=\frac{x^2-1}{x-1},\ g(x)=x+1$

(4)下列函数中为奇函数的是(　　).

A. $y=\dfrac{\sin x}{x^2}$　　　　B. $y=xe^{-\frac{2}{x}}$

C. $\dfrac{2^x-2^{-x}}{2}\sin x$　　　　D. $y=x^2\cos x+x\sin x$

(5)函数 $y=f(x)$ 与其反函数 $y=f^{-1}(x)$ 的图形对称于直线(　　).

A. $y=0$　　B. $x=0$　　C. $y=x$　　D. $y=-x$

2. 填空题:

(1)设 $f(x)=\begin{cases}2^x & -1\leqslant x<0\\ 2 & 0\leqslant x<1\\ x-1 & 1\leqslant x\leqslant 3\end{cases}$,则 $f(x)$ 的定义域为________,$f(0)=$______,$f(1)=$______.

(2)函数 $y=5\sin(\pi x)$ 的最小正周期 $T=$______.

3. 用列举法表示下列集合:

(1)方程 $x^2-5x+6=0$ 的根的集合.

(2)小于5的正整数的集合.

4. 设 $A=\{1,2,3\}$,$B=\{1,3,5\}$,$C=\{2,4,6\}$,求:

(1)$A\cup B$　(2)$A\cap B$　(3)$A\cup B\cup C$　(4)$A\cap B\cap C$　(5)$A-B$

5. 确定下列函数的定义域:

(1)$y=\sqrt{3x+2}$　　　　(2)$y=\dfrac{1}{\sqrt{x^2-9}}$

(3)$y=\dfrac{1}{x}-\sqrt{1-x^2}$

6. 下列各题中,函数 $f(x)$ 和 $g(x)$ 是否相同?

(1)$f(x)=\lg x^2$, $g(x)=2\lg x$　　　　(2)$f(x)=x^2-1$,$g(x)=x-1$

(3)$f(x)=\dfrac{x}{x}$,$g(x)=x^0$

7. 下列函数中哪些是偶函数?哪些是奇函数?哪些是既非奇函数又非偶函数?

(1)$y=x^2\cos x$　　　　(2)$y=x(x-1)(x+1)$

(3)$y=\sin x+\cos x+1$　　　　(4)$y=\dfrac{a^x+a^{-x}}{2}$

8. 试判定函数$f(x)=x^{-\frac{1}{2}}$的单调性.

9. 下列各函数中哪些是周期函数？对于周期函数，指出其周期.

(1) $y=\cos(x+1)$　　(2) $y=\cos 3x$

(3) $y=\sin \pi x-1$　　(4) $y=x\cos x$

10. 设$f(x+1)=\begin{cases}2x & 1<x\leqslant 2\\ x^2 & 0\leqslant x<1\end{cases}$，求$f(x)$.

11. 求下列函数的反函数：

(1) $y=\sqrt[3]{x+1}$　　(2) $y=\dfrac{1-x}{1+x}$

(3) $y=1+\ln(x+2)$

12. 求隐函数$x^2+(y-1)^2=1$的定义域.

13. 求参数方程$\begin{cases}x=3\cos\theta\\ y=2\sin\theta\end{cases}$　$\theta\in\left[0,\dfrac{\pi}{2}\right]$所表示的函数$y=f(x)$，并指明其定义域.

1.2 初等函数

在初等数学中，已经讲过幂函数、指数函数、对数函数、三角函数和反三角函数，这些函数称为**基本初等函数**. 下面作简要回顾.

1.2.1 幂函数

函数

$$y=x^{\mu}(\mu\text{ 是常数})\tag{1.20}$$

称为**幂函数**. 幂函数的定义域要看μ是什么数而定，例如，当$\mu=2$时，其定义域为$(-\infty,+\infty)$；当$\mu=\dfrac{1}{2}$时，其定义域为$[0,+\infty)$，当$\mu=-\dfrac{1}{2}$时，其定义域为$(0,+\infty)$. $y=x^{\mu}$中，$\mu=1,2,3,-1,\dfrac{1}{2},-\dfrac{1}{2}$时是常见的幂函数，它们的图形如图1.13所示.

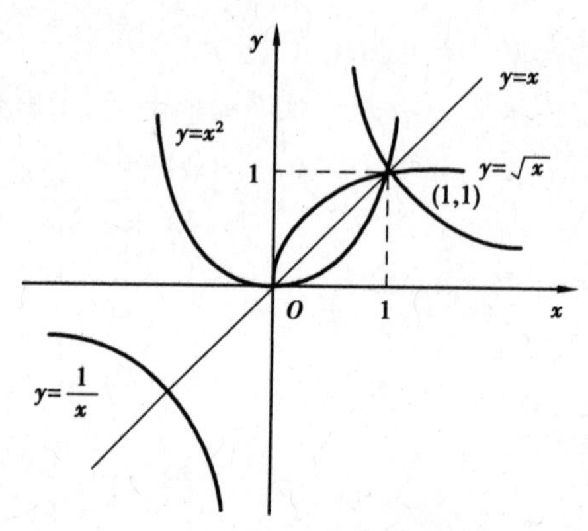

图 1.13　常见的幂函数的图形

1.2.2　指数函数

函数

$$y = a^x（a \text{ 是常数且 } a > 0, a \neq 1） \tag{1.21}$$

称为**指数函数**，其定义域是$(-\infty, +\infty)$，值域为$(0, +\infty)$，过点$(0,1)$.

若$a>1$，指数函数$y=a^x$是单调递增的；若$0<a<1$，指数函数$y=a^x$是单调递减的.

由于$y=\left(\frac{1}{a}\right)^x=a^{-x}$，因此，$y=a^x$的图形与$y=\left(\frac{1}{a}\right)^x$的图形关于$y$轴是对称的. 其图形如图 1.14 所示.

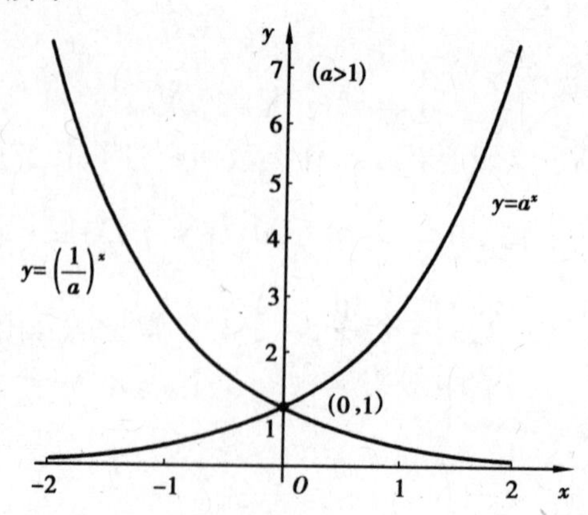

图 1.14　指数函数的图形

以常数 e = 2.718 281 8…为底的指数函数 e^x 是实际应用中常用的指数函数.

1.2.3 对数函数

函数

$$y = \log_a x (a\text{ 是常数且 } a > 0, a \neq 1) \tag{1.22}$$

称为**对数函数**,其定义域是 $(0, +\infty)$,值域为 $(-\infty, +\infty)$ 过点 $(1,0)$. 它和指数函数互为反函数.

若 $a>1$,对数函数 $y=\log_a x$ 是单调递增的,在区间 $(0,1)$ 内函数值为负,在区间 $(1,+\infty)$ 内函数值为正;若 $0<a<1$,对数函数 $y=\log_a x$ 是单调递减的,在区间 $(0,1)$ 内函数值为正,在区间 $(1,+\infty)$ 内函数值为负. 其图形如图 1.15 所示.

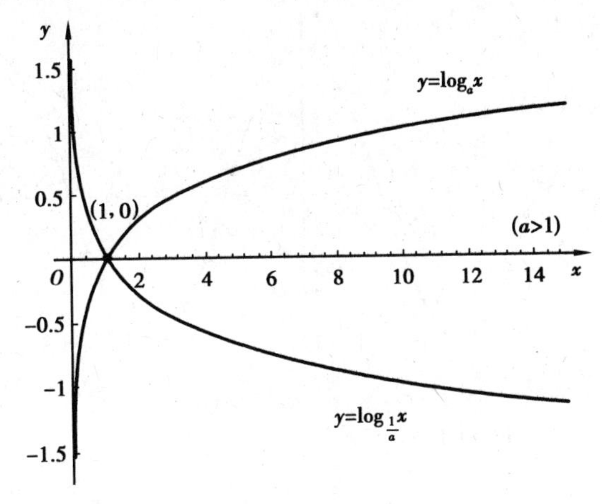

图 1.15 对数函数的图形

在实际应用中,常用以常数 e 为底的对数函数

$$y = \log_e x \tag{1.23}$$

称为**自然对数函数**,记为

$$y = \ln x \tag{1.24}$$

1.2.4 三角函数

常用的三角函数如下:

正弦函数:$y=\sin x$(见图 1.16).

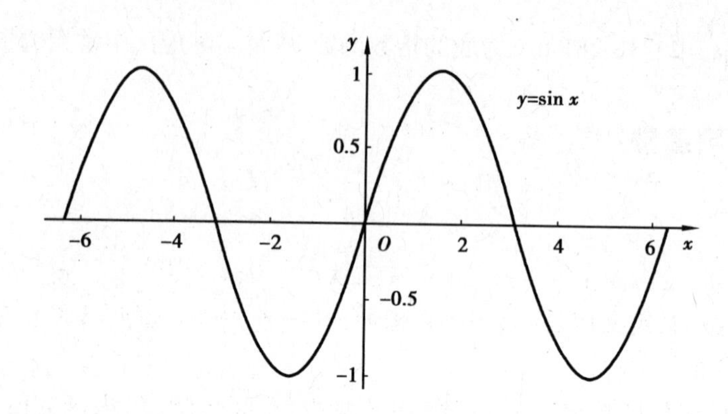

图 1.16　正弦函数的图形

余弦函数:$y=\cos x$(见图 1.17).

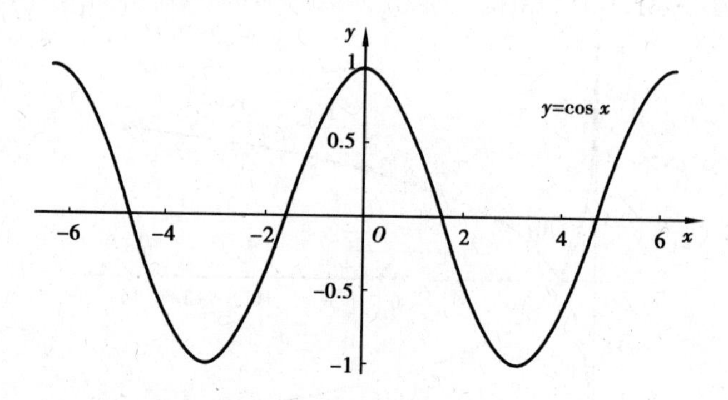

图 1.17　余弦函数的图形

正切函数:$y=\tan x$(见图 1.18).

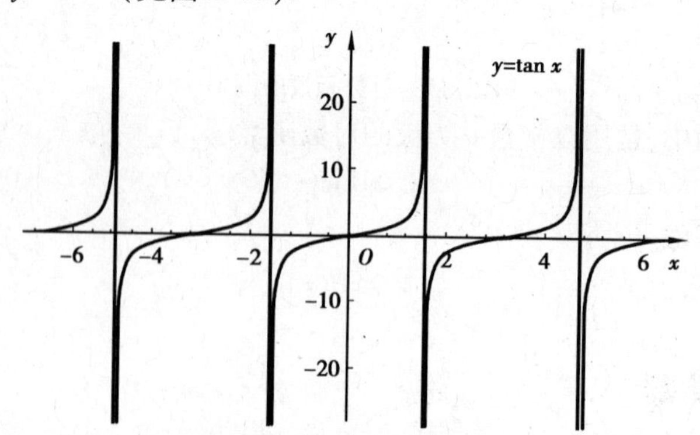

图 1.18　正切函数的图形

余切函数:$y=\cot x$(见图 1.19).

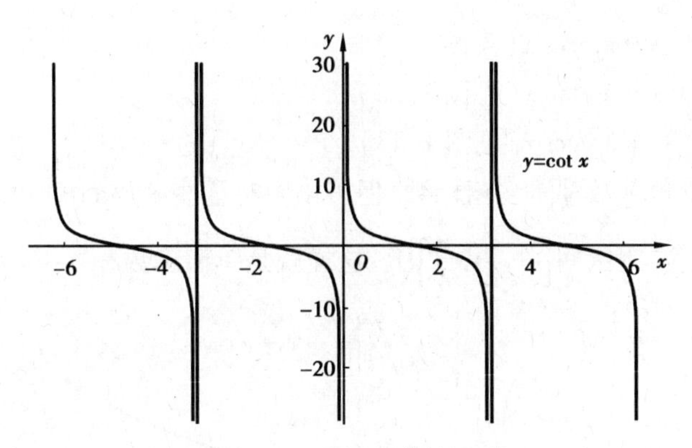

图 1.19 余切函数的图形

正弦函数和余弦函数的定义域都是$(-\infty,+\infty)$，值域$[-1,1]$，都是以2π为周期的周期函数，正弦函数是奇函数，余弦函数是偶函数.

正切函数定义域为

$$D=\left\{x \mid x \in \mathbf{R}, x \neq (2n+1)\frac{\pi}{2}, n \in \mathbf{Z}\right\} \tag{1.25}$$

余切函数定义域为

$$D=\{x \mid x \in \mathbf{R}, x \neq n\pi, n \in \mathbf{Z}\} \tag{1.26}$$

正切函数和余切函数的值域都是$(-\infty,+\infty)$，都是以π为周期的周期函数，都是奇函数.

此外，还有两个三角函数，余弦函数的倒数称为**正割函数**，记为

$$y=\sec x=\frac{1}{\cos x} \tag{1.27}$$

正弦函数的倒数称为**余割函数**，记为

$$y=\csc x=\frac{1}{\sin x} \tag{1.28}$$

它们都是以2π为周期的周期函数，并且在区间$\left(0,\frac{\pi}{2}\right)$内是无界的.

1.2.5 **反三角函数**

常用的反三角函数如下：

反正弦函数：$y=\arcsin x$（见图 1.20）.

反余弦函数:$y=\arccos x$(见图 1.21).

反正切函数:$y=\arctan x$(见图 1.22).

反余切函数:$y=\operatorname{arccot} x$(见图 1.23).

这 4 个反三角函数都是多值函数,但可以限定这些函数的值域,比如把反正弦函数的值域限制在闭区间$\left[-\frac{\pi}{2},\frac{\pi}{2}\right]$上,这样就是单值函数.

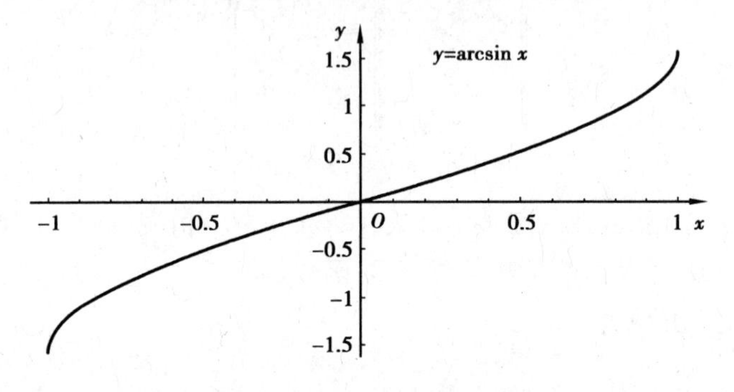

图 1.20　反正弦函数的图形

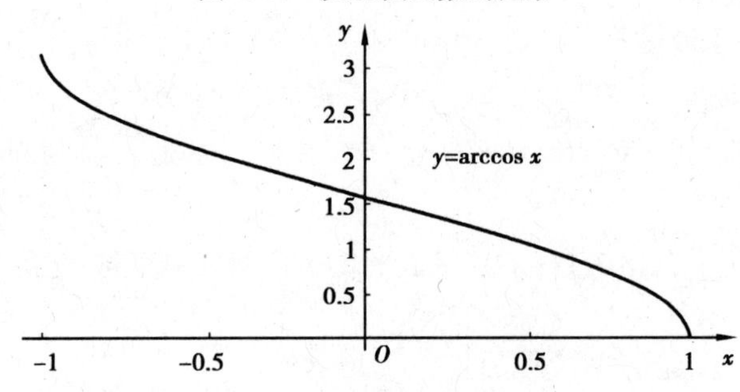

图 1.21　反余弦函数的图形

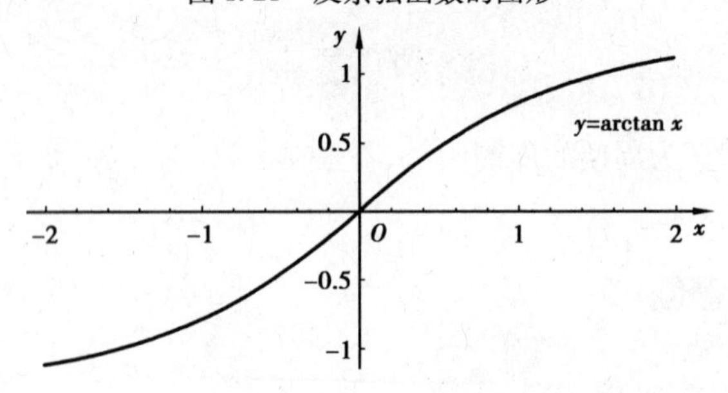

图 1.22　反正切函数的图形

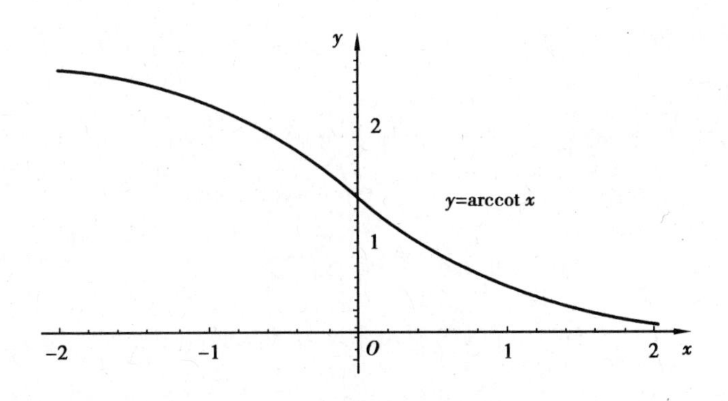

图 1.23 反余切函数的图形

反正弦函数的定义域是$[-1,1]$,值域是$\left[-\frac{\pi}{2},\frac{\pi}{2}\right]$,单调递增.

反余弦函数的定义域是$[-1,1]$,值域是$[0,\pi]$,单调递减.

反正切函数的定义域是$(-\infty,+\infty)$,值域是$\left(-\frac{\pi}{2},\frac{\pi}{2}\right)$,单调递增.

反余切函数的定义域是$(-\infty,+\infty)$,值域是$(0,\pi)$,单调递减.

1.2.6 复合函数

设函数 $y=f(u)$ 的定义域为 D_1,函数 $u=g(x)$ 的定义域为 D_2,其值域记为 $g(D_2)$,若 $g(D_2)\cap D_1\neq\varnothing$,则由下式确定的函数

$$y=f[g(x)] \quad x\in D_2 \tag{1.29}$$

称为由函数 $u=g(x)$ 和函数 $y=f(u)$ 构成的**复合函数**,变量 u 称为**中间变量**.

函数 g 与函数 f 构成的复合函数通常记为 $f\circ g$,即

$$(f\circ g)(x)=f[g(x)] \tag{1.30}$$

函数 g 与函数 f 构成复合函数 $f\circ g$ 的条件是函数 g 在 D_2 上的值域与 f 的定义域的交集为非空集,即 $g(D_2)\cap D_1\neq\varnothing$. 否则,不能构成复合函数.

例如,$y=f(u)=\arcsin u$ 的定义域为 $D_1=[-1,1]$,$u=g(x)=\sqrt{1-x^2}$在 $D_2=[-1,1]$上有定义,且其值域 $g(D_2)=[0,1]$,$g(D_2)\cap D_1=[0,1]\neq\varnothing$,因此,函数 g 与 f 可构成复合函数,即

$$y=\arcsin\sqrt{1-x^2} \quad x\in[-1,1] \tag{1.31}$$

但函数 $y=\arcsin u$ 和函数 $u=2+x^2$ 不能构成复合函数,这是因为对任意

$x\in\mathbf{R}, u=2+x^2$ 的值大于或者等于 2，与 $y=\arcsin u$ 的定义域$[-1,1]$的交集为空集.

利用复合函数的概念，有时可以把函数分解成几个函数.

注 1.18 复合函数也可以由两个以上的函数经过复合构成.

例 1.25 如 $y=\arcsin x^2$ 可以看成由函数 $y=\arcsin u$ 和 $u=x^2$ 复合而成.

例 1.26 如 $y=\sqrt{\tan\frac{x}{2}}$可以看成由 $y=\sqrt{u}$、$u=\tan v$ 和 $v=\frac{x}{2}$复合而成，其中 u 和 v 都称为中间变量.

例 1.27 设$f(x)=\begin{cases}1 & |x|<1\\ 0 & |x|=1\\ -1 & |x|>1\end{cases}$，$g(x)=e^x$. 求$f[g(x)]$.

解

$$f[g(x)]=\begin{cases}1 & |e^x|<1\\ 0 & |e^x|=1\\ -1 & |e^x|>1\end{cases}$$

即

$$f[g(x)]=\begin{cases}1 & x<0\\ 0 & x=0\\ -1 & x>0\end{cases}$$

例 1.28 设 $g(x)=\ln x, f(x)=\arccos x$. 求$f(g(x))$的定义域.

解 因为$f(x)=\arccos x$，故$f(x)$的定义域为$[-1,1]$，欲使复合函数$f(g(x))$有意义，则 $g(x)=\ln x$ 的值域包含于区间$[-1,1]$中，故 $f(g(x))$ 的定义域为$(1,e]$.

1.2.7 基本初等函数和初等函数的概念

幂函数、指数函数、对数函数、三角函数和反三角函数统称为**基本初等函数**，由常数和基本初等函数经过有限次四则运算和有限次的函数复合所构成的用一个式子表示的函数，称为**初等函数**.

例如，$y=\sqrt{1+x^2}$，$y=\ln\sin x$，$y=\sqrt{\tan\frac{x}{2}}$都是初等函数.

本课程讨论的绝大多数都是初等函数.

习题 1.2

1. 填空题:

(1)如果 $y=u^2, u=2-v^2, v=\cos x$,则将 y 表示成 x 的函数是________.

(2) $y=\ln \sin^2(3x+1)$ 是由简单函数________、________、________和________复合而成.

(3)设 $0<u\leqslant 1$,函数 $f(u)$ 有意义,则函数 $f(\ln x)$ 的定义域________.

2. 下列各组函数中哪些不能构成复合函数?把能构成复合函数的写成复合函数,并指出其定义域.

(1) $y=x^2, x=\sin t$　　(2) $y=a^u, u=x^2$

(3) $y=\sqrt{u}, u=\sin x-2$　　(4) $y=\log_a u, u=x^2-2$

3. 下列函数是由哪些简单函数复合而成的?

(1) $y=\sqrt[3]{(1+x)^2}$　　(2) $y=2^{(x+1)^2}$

(3) $y=\sin^2(2x+1)$　　(4) $y=\sqrt[3]{\log_a \cos^2 x}$

4. 设 $f(x)=\begin{cases}2x & x<0\\ x & x\geqslant 0\end{cases}$, $g(x)=\begin{cases}5x & x<0\\ -3x & x\geqslant 0\end{cases}$. 求 $f[g(x)]$.

5. 判断分段函数是不是初等函数?

1.3 数列和函数的极限

1.3.1 数列极限的概念

(1)数列

首先来回忆一下初等数学中数列的概念.

若按照一定的法则,有第一个数 x_1,第二个数 x_2,…,依次排列下去,使得任何一个正整数 n 对应着一个确定的数 x_n,称这列有次序的数 $x_1,x_2,\cdots,x_n,\cdots$为**数列**. 数列中的每一个数称为**数列的项**. 第 n 项 x_n 称为数列的**通项(或一般项)**.

例如：

$$\frac{1}{2},\frac{2}{3},\frac{3}{4},\cdots,\frac{n}{n+1}\cdots;$$

$$2,4,8,\cdots,2^n,\cdots;$$

$$\frac{1}{2},\frac{1}{4},\frac{1}{8},\cdots,\frac{1}{2^n},\cdots;$$

$$1,-1,1,\cdots,(-1)^{n+1},\cdots;$$

$$2,\frac{1}{2},\frac{4}{3},\cdots,\frac{n+(-1)^{n-1}}{n},\cdots;$$

都是数列的例子，它们的通项依次为

$$\frac{n}{n+1},2^n,\frac{1}{2^n},(-1)^{n+1},\frac{n+(-1)^{n-1}}{n}$$

数列 $x_1,x_2,\cdots,x_n,\cdots$常常也简记为$\{x_n\}$.

注 1.19 也可把数列 x_n 看作自变量为正整数 n 的函数，即 $x_n=f(n)$，它的定义域是全体正整数.

注 1.20 数列$\{x_n\}$可看成数轴上的一个个动点 $x_1,x_2,\cdots,x_n,\cdots$.

(2)极限

极限的概念是求实际问题的精确解而产生的. 先看一个经典的例子. 我国古代数学家刘徽（公元3世纪）利用圆的内接正多边形来推算圆的面积的方法——割圆术，就是利用极限思想在几何学上的应用.

设有一圆，首先作圆内接正六边形，把它的面积记为 A_1；再作圆的内接正十二边形，其面积记为 A_2；再作圆的内接正二十四边形，其面积记为 A_3；依次进行下去（一般把内接正 $6\times2^{n-1}$边形的面积记为 A_n），可得一系列内接正多边形的面积 A_1，$A_2,A_3,\cdots,A_n,\cdots$，它们就构成一列有序的数，即数列. 由此可以发现，当内接正多边形的边数无限增加时，A_n 也无限接近某一确定的数值（圆的面积），这个确定的数值在数学上被称为数列 $A_1,A_2,A_3,\cdots,A_n,\cdots$当 $n\to\infty$（读作 n 趋近于无穷大）的**极限**.

(3)数列的极限

对于数列$\{x_n\}$，如果当 n 无限增大时，数列的一般项 x_n 无限地接近于某一确定的数值 a，则称常数 a 是数列$\{x_n\}$的**极限**，或称数列$\{x_n\}$**收敛**于 a. 这是数列极限

的通俗定义.精确地说,有以下定义:

对于数列$x_1,x_2,\cdots,x_n,\cdots$来说,若存在任意给定的正数$\varepsilon$(不论其多么小),总存在正整数$N$,使得对于$n>N$时的一切$x_n$,不等式

$$|x_n - a| < \varepsilon \tag{1.32}$$

都成立,那么就称常数a是数列$\{x_n\}$的极限,或者称数列x_n**收敛于**a.

记为

$$\lim_{n\to\infty} x_n = a \tag{1.33}$$

或

$$x_n \to a(n\to\infty) \tag{1.34}$$

如果数列没有极限,则称数列是**发散**的.

例如:

$$\lim_{n\to\infty}\frac{n}{n+1}=1,\lim_{n\to\infty}\frac{1}{2^n}=0$$

而$\{2^n\}$,$\{(-1)^{n+1}\}$是发散的.

注1.21　x_n无限接近于a等价于$|x_n-a|$无限接近于0.

注1.22　此定义中的正数ε只有任意给定,不等式$|x_n-a|<\varepsilon$才能表达出x_n与a无限接近的意思.

注1.23　定义中的正整数N与任意给定的正数ε是有关的,它刻画了n充分大的程度,随着ε的给定而确定,在证明时,要指出这种正整数N是确实存在的.

例1.29　证明$\lim\limits_{n\to\infty}\frac{n+(-1)^{n-1}}{n}=1$.

分析　$|x_n-1|=\left|\frac{n+(-1)^{n-1}}{n}-1\right|=\frac{1}{n}$,对于$\forall\varepsilon>0$,要使$|x_n-1|<\varepsilon$,只要$\frac{1}{n}<\varepsilon$,即$n>\frac{1}{\varepsilon}$.

证明　因为对于$\forall\varepsilon>0$,$\exists N=\left[\frac{1}{\varepsilon}\right]\in\mathbf{Z}^+$,当$n>N$时,有

$$|x_n-1|=\left|\frac{n+(-1)^{n-1}}{n}-1\right|=\frac{1}{n}<\varepsilon \tag{1.35}$$

所以

$$\lim_{n\to\infty}\frac{n+(-1)^{n-1}}{n}=1$$

1.3.2 数列极限的几何解释

将常数 a 及数列 $x_1,x_2,\cdots,x_n,\cdots$ 在数轴上用它们的对应点表示出来，再在数轴上作点 a 的 ε 邻域即开区间 $(a-\varepsilon,a+\varepsilon)$，如图 1.24 所示。

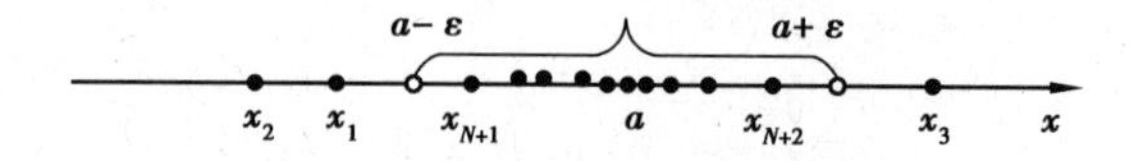

图 1.24 数列的极限的几何解释

根据极限的定义，当 $n>N$ 时，不等式 $|x_n-a|<\varepsilon$ 成立，故当 $n>N$ 时，所有的点 x_n 都落在开区间 $(a-\varepsilon,a+\varepsilon)$ 内，而只有有限个（至多只有 N 个）在此区间以外.

1.3.3 数列极限的性质

(1)数列极限的唯一性

定理 1.1 数列 $\{x_n\}$ 不能收敛于两个不同的极限.

证明 用反证法.

假设同时有 $\lim\limits_{n\to\infty}x_n=a$ 及 $\lim\limits_{n\to\infty}x_n=b$，且 $a<b$.

按极限的定义，对于 $\varepsilon=\dfrac{b-a}{2}>0$，存在充分大的正整数 N，使当 $n>N$ 时，同时有

$$|x_n-a|<\varepsilon=\frac{b-a}{2}\tag{1.36}$$

和

$$|x_n-b|<\varepsilon=\frac{b-a}{2}\tag{1.37}$$

成立.

由式(1.36)可得出 $x_n<\dfrac{b+a}{2}$，式(1.37)可得出 $x_n>\dfrac{b+a}{2}$，这是不可能的. 因此

只能有 $a=b$.

(2)收敛数列的有界性

对于数列$\{x_n\}$,如果存在着正数 M,使得对一切 x_n 都满足不等式

$$|x_n| \leqslant M \tag{1.38}$$

则称数列$\{x_n\}$是**有界**的;如果这样的正数 M 不存在,就说数列$\{x_n\}$是**无界**的.

定理 1.2 如果数列$\{x_n\}$收敛,那么数列$\{x_n\}$一定有界.

证明 设数列$\{x_n\}$收敛,且收敛于 a,根据数列极限的定义,对于 $\varepsilon=1$,存在正整数 N,使对于 $n>N$ 时的一切 x_n,不等式

$$|x_n-a| < \varepsilon = 1 \tag{1.39}$$

都成立. 于是当 $n>N$ 时,有

$$|x_n| = |(x_n-a)+a| \leqslant |x_n-a| + |a| < 1+|a| \tag{1.40}$$

取 $M=\max\{|x_1|, |x_2|, \cdots, |x_N|, 1+|a|\}$,那么数列$\{x_n\}$中的一切 x_n 都满足不等式 $|x_n| \leqslant M$.

根据以上定理,如果数列$\{x_n\}$无界,那么该数列一定是发散的.

注 1.24 如果数列$\{x_n\}$有界,则不能判定该数列是否收敛,说明数列有界是数列收敛的必要条件,但不是充分条件.

(3)收敛数列的保号性

定理 1.3 如果数列$\{x_n\}$收敛于 a,且 $a>0$(或 $a<0$),那么存在正整数 N,当 $n>N$时,有 $x_n>0$(或 $x_n<0$).

证明 就 $a>0$ 的情形证明.

由数列极限的定义,对 $\varepsilon=\frac{a}{2}>0$, $\exists N \in \mathbf{Z}^+$,当 $n>N$ 时,有 $|x_n-a|<\frac{a}{2}$成立,故 $x_n>a-\frac{a}{2}=\frac{a}{2}>0$.

当 $a<0$ 的情形,类似可以证明.

推论 1.1 如果数列$\{x_n\}$从某项起有 $x_n \geqslant 0$(或 $x_n \leqslant 0$),且数列$\{x_n\}$收敛于 a,那么 $a \geqslant 0$(或 $a \leqslant 0$).

(4)收敛数列与其子数列间的关系

在数列$\{x_n\}$中任意抽取无限多项并保持这些项在原数列中的先后次序,这样

得到的一个数列称为原数列$\{x_n\}$的**子数列**.

例如,数列$\{x_n\}$:$1,-1,1,-1,\cdots,(-1)^{n+1},\cdots$的一子数列为$\{x_{2n}\}$:$-1,-1,-1,\cdots,(-1)^{2n+1},\cdots$.

定理 1.4 如果数列$\{x_n\}$收敛于a,那么它的任一子数列也收敛,且极限也是a.

证明 设数列$\{x_{n_k}\}$是数列$\{x_n\}$的任一子数列,因为数列$\{x_n\}$收敛于a,所以$\forall \varepsilon>0,\exists N\in \mathbf{Z}^+$,当$n>N$时,有$|x_n-a|<\varepsilon$.

取$K=N$,则当$k>K$时,$n_k\geqslant k>K=N$.

于是$|x_{n_k}-a|<\varepsilon$.

这就证明了$\lim\limits_{k\to\infty} x_{n_k}=a$.

1.3.4 函数极限的概念

前面学习了数列的极限,已经知道数列可看作一类特殊的函数,即自变量取$1\to\infty$内的正整数,若自变量不限于是正整数,而是连续变化的实数,就成了函数.下面来学习函数的极限.

函数的极限有两种情况:一是自变量x无限增大时,对应的函数值$f(x)$的变化情形;二是自变量x无限接近某一定点x_0时,对应的函数值$f(x)$的变化情形.如果在某种情况下,函数值无限接近于某一常数A,则称为函数存在极限.已经知道的数列的极限情况,那么函数的极限如何定义呢?

下面结合数列的极限来学习一下函数极限的概念.

(1)自变量趋于无穷大时函数的极限

如果在自变量$x\to\infty$的变化过程中,对应的函数值$f(x)$无限地接近于某一确定的数值A,则称常数A是**函数$f(x)$当$x\to\infty$时的极限**.精确地说,有以下定义:

设函数$f(x)$在$|x|$大于某一正数时有定义.如果存在常数A,对于任意给定的正数ε,总存在着正数X,使得当x满足不等式$|x|>X$时,对应的函数数值$f(x)$都满足不等式

$$|f(x)-A|<\varepsilon \tag{1.41}$$

则常数A称为**函数$f(x)$当$x\to\infty$时的极限**,记为

$$\lim_{x\to\infty} f(x)=A \text{ 或 } f(x)\to A(x\to\infty)$$

如果 $x>0$ 且无限增大(记为$x\to+\infty$),那么只需要把上面的定义中的 $|x|>X$ 改成 $x>X$,就可得到 $\lim\limits_{x\to+\infty}f(x)=A$ 的定义. 如果 $x<0$ 且 $|x|$ 无限增大(记为 $x\to-\infty$),那么只需要把上面的定义中的 $|x|>X$ 改成 $x<-X$,就可以得到 $\lim\limits_{x\to-\infty}f(x)=A$的定义.

$\lim\limits_{x\to\infty}f(x)=A$ 的几何意义是:作直线 $y=A-\varepsilon$ 和 $y=A+\varepsilon$,则总存在一个正数 X,使得当 $x>X$ 或 $x<-X$ 时,函数$f(x)$的图形位于这两条直线所构成的带形区域之内,ε 越小,带形区域越狭窄,如图 1.25 所示.

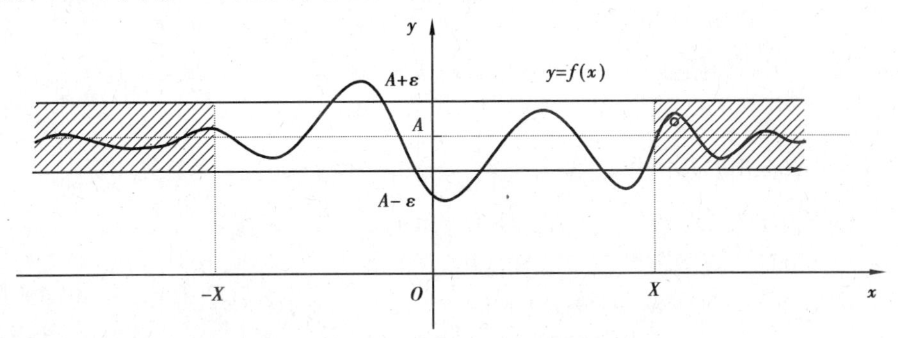

图 1.25 自变量趋于无穷大时函数极限的几何意义

注 1.25 函数的极限定义中的 ε 刻画了$f(x)$与 A 的接近程度,X 刻画了 x 充分大的程度. X 与任意给定的正数 ε 是有关的,随着 ε 的给定而确定. 在证明时,要指出这种 X 是确实存在的.

例 1.30 证明$\lim\limits_{x\to\infty}\dfrac{1}{x}=0$.

分析 $|f(x)-A|=\left|\dfrac{1}{x}-0\right|=\dfrac{1}{|x|}$,对 $\forall\varepsilon>0$,要使 $|f(x)-A|<\varepsilon$,只要 $|x|>\dfrac{1}{\varepsilon}$.

证明 因为 $\forall\varepsilon>0$, $\exists X=\dfrac{1}{\varepsilon}>0$,当 $|x|>X$ 时,有

$$|f(x)-A|=\left|\frac{1}{x}-0\right|=\frac{1}{|x|}<\varepsilon$$

所以得

$$\lim_{x\to\infty}\frac{1}{x}=0$$

(2)自变量趋于有限值时函数的极限

类似地,如果在自变量 $x \to x_0$ 的变化过程中,对应的函数值 $f(x)$ 无限地接近于某一确定的数值 A,则称常数 A 是**函数 $f(x)$ 当 $x \to x_0$ 时的极限**. 精确地说,有以下定义:

设函数 $f(x)$ 在点 x_0 的某一去心邻域内有定义,如果存在常数 A,对于任意给定的正数 ε(不论它多么小),总存在正数 δ,使得当 x 满足不等式 $0 < |x - x_0| < \delta$ 时,对应的函数值 $f(x)$ 都满足不等式

$$|f(x) - A| < \varepsilon \tag{1.42}$$

那么常数 A 则称为**函数 $f(x)$ 当 $x \to x_0$ 时的极限**,记为

$$\lim_{x \to x_0} f(x) = A \text{ 或 } f(x) \to A(x \to x_0) \tag{1.43}$$

$\lim\limits_{x \to x_0} f(x) = A$ 的几何意义是:作直线 $y = A - \varepsilon$ 和 $y = A + \varepsilon$,两条直线形成一个横条区域,根据定义,对于给定 ε,存在着点 x_0 的某一去心邻域 $0 < |x - x_0| < \delta$,当 x 在该去心邻域时,函数值在横条区域之内,如图 1.26 所示.

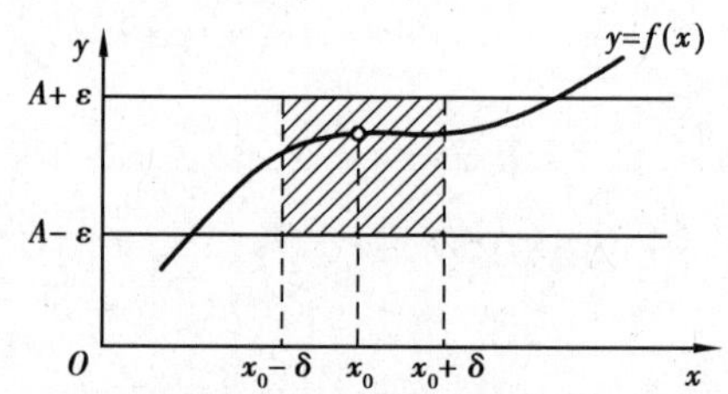

图 1.26 自变量趋于有限值时函数极限的几何意义

注 1.26 函数的极限定义中的 ε 刻画了 $f(x)$ 与 A 的接近程度,δ 刻画了 x 点与 x_0 的接近程度. δ 与任意给定的正数 ε 是有关的,随着 ε 的给定而确定. 在证明时,要指出这种 δ 是确实存在的.

例 1.31 证明 $\lim\limits_{x \to x_0} c = c$.

分析 $|f(x) - A| = |c - c| = 0$. 因此,对于 $\forall \varepsilon > 0$, $|f(x) - A| < \varepsilon$ 都成立.

证明 因为对于 $\forall \varepsilon > 0$,可任取 $\delta > 0$,当 $0 < |x - x_0| < \delta$ 时,有

$$|f(x) - A| = |c - c| = 0 < \varepsilon$$

所以

$$\lim_{x \to x_0} c = c$$

例 1.32 证明$\lim\limits_{x \to x_0} x = x_0$.

分析 $|f(x) - A| = |x - x_0|$. 因此,对于$\forall \varepsilon > 0$,要使$|f(x) - A| < \varepsilon$,只要$|x - x_0| < \varepsilon$.

证明 因为对于$\forall \varepsilon > 0, \exists \delta = \varepsilon$,当$0 < |x - x_0| < \delta$时,有

$$|f(x) - A| = |x - x_0| < \varepsilon$$

所以

$$\lim_{x \to x_0} x = x_0$$

例 1.33 证明$\lim\limits_{x \to 2}(3x - 2) = 4$.

分析 $|f(x) - A| = |(3x - 2) - 4| = 3|x - 2|$. 因此,对于$\forall \varepsilon > 0$,要使$|f(x) - A| < \varepsilon$,只要$|x - 2| < \dfrac{\varepsilon}{3}$.

证明 因为对于$\forall \varepsilon > 0, \exists \delta = \dfrac{\varepsilon}{3}$,当$0 < |x - 2| < \delta$时,有

$$|f(x) - A| = |(3x - 2) - 4| = 3|x - 2| < \varepsilon$$

所以得

$$\lim_{x \to 2}(3x - 2) = 4$$

例 1.34 证明$\lim\limits_{x \to 1}\dfrac{x^2 - 1}{x - 1} = 2$.

分析 注意函数在$x = 1$是没有定义的,但这与函数在该点是否有极限并无关系. 当$x \neq 1$时,$|f(x) - A| = \left|\dfrac{x^2 - 1}{x - 1} - 2\right| = |x - 1|$. 因此,对于$\forall \varepsilon > 0$,要使$|f(x) - A| < \varepsilon$,只要$|x - 1| < \varepsilon$.

证明 因为$\forall \varepsilon > 0, \exists \delta = \varepsilon$,当$0 < |x - 1| < \delta$时,有

$$|f(x) - A| = \left|\frac{x^2 - 1}{x - 1} - 2\right| = |x - 1| < \varepsilon$$

所以

$$\lim_{x \to 1}\frac{x^2 - 1}{x - 1} = 2$$

注 1.27 在定义中为什么是在去心邻域内呢? 这是因为只讨论$x \to x_0$的过程,与$x = x_0$处函数是否有定义无关.

注 1.28 此定义的核心问题是:对任意给定的ε,是否存在正数δ,使其在去心邻域内的x均满足不等式.

1.3.5 函数极限的性质

函数极限具有与数列极限类似的性质,为简单明确起见,仅就 $x \to x_0$ 的情形进行叙述.

定理 1.5(函数极限的唯一性) 如果极限 $\lim\limits_{x \to x_0} f(x)$ 存在,那么这个极限唯一.

证明从略.

定理 1.6(函数极限的局部有界性) 如果 $f(x) \to A(x \to x_0)$,那么存在常数 $M>0$ 和 δ,使得当 $0<|x-x_0|<\delta$ 时,有 $|f(x)| \leqslant M$.

证明 因为 $f(x) \to A(x \to x_0)$,所以对于 $\varepsilon=1$,$\exists \delta>0$,当 $0<|x-x_0|<\delta$ 时,有

$$|f(x)-A|<\varepsilon=1$$

于是得

$$|f(x)|=|f(x)-A+A| \leqslant |f(x)-A|+|A|<1+|A|$$

记 $M=1+|A|$. 就证明了在 x_0 的去心邻域 $\{x \mid 0<|x-x_0|<\delta\}$ 内 $f(x)$ 是有界的.

定理 1.7(函数极限的局部保号性) 如果 $f(x) \to A(x \to x_0)$,而且 $A>0$(或 $A<0$),那么存在常数 $\delta>0$,使当 $0<|x-x_0|<\delta$ 时,有 $f(x)>0$(或 $f(x)<0$).

证明 就 $A>0$ 的情形证明.

因为 $\lim\limits_{x \to x_0} f(x)=A$. 所以对于 $\varepsilon=\dfrac{A}{2}$,$\exists \delta>0$,当 $0<|x-x_0|<\delta$ 时,有

$$|f(x)-A|<\varepsilon=\frac{A}{2}$$

于是

$$f(x)>\frac{A}{2}>0$$

类似可证明 $A<0$ 的情形.

从定理 1.7 的证明可知,在定理 1.7 的条件下,有以下结论成立:

定理 1.7′ 如果 $f(x) \to A(x \to x_0)(A \neq 0)$,那么存在点 x_0 的某一去心邻域,在该邻域内,有 $|f(x)|>\dfrac{1}{2}|A|$.

由定理 1.7,易得以下推论:

推论 1.2 如果在 x_0 的某一去心邻域内 $f(x)\geqslant 0$（或 $f(x)\leqslant 0$），而且 $f(x)\to A(x\to x_0)$，那么 $A\geqslant 0$（或 $A\leqslant 0$）.

证明 设 $f(x)\geqslant 0$，假设上述论断不成立，即 $A<0$.

那么由定理 1.7 就有 x_0 的某一去心邻域，在该邻域内 $f(x)<0$，这与 $f(x)\geqslant 0$ 的假定矛盾，所以 $A\geqslant 0$.

定理 1.8（函数极限与数列极限的关系） 如果当 $x\to x_0$ 时 $f(x)$ 的极限存在，$\{x_n\}$ 为 $f(x)$ 的定义域内任一收敛于 x_0 的数列，且满足 $x_n\neq x_0(n\in\mathbf{Z}^+)$，那么相应的函数值数列 $\{f(x_n)\}$ 必收敛，且

$$\lim_{n\to\infty}f(x_n)=\lim_{x\to x_0}f(x) \tag{1.44}$$

证明 设 $f(x)\to A(x\to x_0)$，则 $\forall\varepsilon>0,\exists\delta>0$，当 $0<|x-x_0|<\delta$ 时，有 $|f(x)-A|<\varepsilon$.

又因为 $x_n\to x_0(n\to\infty)$，故对 $\delta>0,\exists N\in\mathbf{Z}^+$，当 $n>N$ 时，有 $|x_n-x_0|<\delta$.

由假设 $x_n\neq x_0(n\in\mathbf{Z}^+)$，故当 $n>N$ 时，$0<|x_n-x_0|<\delta$，从而 $|f(x_n)-A|<\varepsilon$，即

$$\lim_{n\to\infty}f(x_n)=\lim_{x\to x_0}f(x)$$

1.3.6 左极限与右极限

在 $x\to x_0$ 时函数 $f(x)$ 的极限概念中，x 是既从 x_0 左侧也从 x_0 的右侧趋于 x_0 的. 但有时只考虑 x 是仅从 x_0 左侧趋于 x_0（记为 $x\to x_0^-$）的情形，或只考虑 x 是仅从 x_0 右侧趋于 x_0（记为 $x\to x_0^+$）的情形.

若当 $x\to x_0^-$ 时，$f(x)$ 无限接近于某常数 A，则常数 A 称为**函数 $f(x)$ 当 $x\to x_0$ 时的左极限**，记为

$$\lim_{x\to x_0^-}f(x)=A \text{ 或 } f(x_0^-)=A \tag{1.45}$$

类似地，若当 $x\to x_0^+$ 时，$f(x)$ 无限接近于某常数 A，则常数 A 称为函数 $f(x)$ 当 $x\to x_0$ **时的右极限**，记为

$$\lim_{x\to x_0^+}f(x)=A \text{ 或 } f(x_0^+)=A \tag{1.46}$$

其精确定义（$\varepsilon-\delta$ 定义）如下：

设函数 $f(x)$ 在点 x_0 的某一去心邻域内有定义，如果存在常数 A，对于任意给

定的正数 ε（不论它多么小），总存在正数 δ，使得当 x 满足不等式 $x_0-\delta<x<x_0$ 时，对应的函数值 $f(x)$ 都满足不等式

$$|f(x)-A|<\varepsilon \tag{1.47}$$

那么常数 A 就称为**函数 $f(x)$ 当 $x\to x_0$ 时的左极限**，记为

$$\lim_{x\to x_0^-}f(x)=A \text{ 或 } f(x_0^-)=A \tag{1.48}$$

类似地，设函数 $f(x)$ 在点 x_0 的某一去心邻域内有定义，如果存在常数 A，对于任意给定的正数 ε（不论它多么小），总存在正数 δ，使得当 x 满足不等式 $x_0<x<x_0+\delta$ 时，对应的函数值 $f(x)$ 都满足不等式

$$|f(x)-A|<\varepsilon \tag{1.49}$$

那么常数 A 就称为**函数 $f(x)$ 当 $x\to x_0$ 时的右极限**，记为

$$\lim_{x\to x_0^+}f(x)=A \text{ 或 } f(x_0^+)=A \tag{1.50}$$

左极限和右极限统称**单侧极限**.

根据 $x\to x_0$ 时函数 $f(x)$ 的极限定义和单侧极限的定义，容易证明：函数 $f(x)$ 当 $x\to x_0$ 时极限存在的充分必要条件是左极限和右极限都存在而且相等，即 $\lim\limits_{x\to x_0}f(x)=A\Leftrightarrow\lim\limits_{x\to x_0^-}f(x)=\lim\limits_{x\to x_0^+}f(x)$.

例 1.35 设 $f(x)=\begin{cases}x & x<0\\ 1 & x\geqslant 0\end{cases}$，判断函数 $f(x)$ 当 $x\to 0$ 时的极限是否存在？

解 因为

$$\lim_{x\to 0^-}f(x)=\lim_{x\to 0^-}(x)=0,$$
$$\lim_{x\to 0^+}f(x)=\lim_{x\to 0^+}1=1$$

于是

$$\lim_{x\to 0^-}f(x)\neq\lim_{x\to 0^+}f(x)$$

故原函数在 $x\to 0$ 时的极限不存在. 其图形如图 1.27 所示.

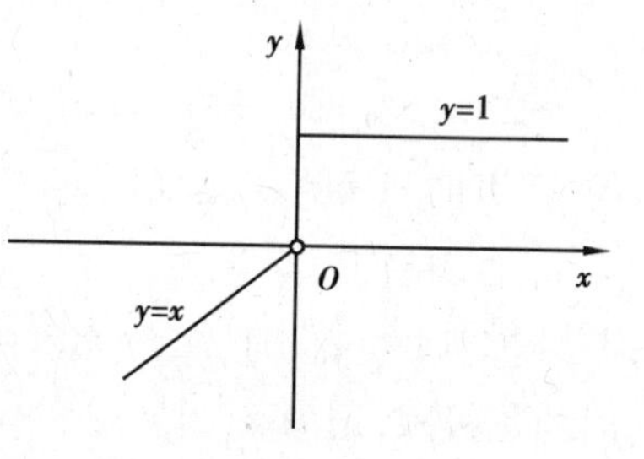

图 1.27

例 1.36 讨论绝对值函数 $f(x)=|x|$ 当 $x\to 0$ 时的极限是否存在？

解 因为

$$f(x)=|x|=\begin{cases}x & x\geqslant 0\\ -x & x<0\end{cases}$$

$$\lim_{x\to 0^-}f(x)=\lim_{x\to 0^-}(-x)=0,\lim_{x\to 0^+}f(x)=\lim_{x\to 0^+}x=0$$

于是

$$\lim_{x \to 0^-} f(x) = \lim_{x \to 0^+} f(x) = 0$$

故

$$\lim_{x \to 0} |x| = 0$$

注1.29　在左极限的定义中,仅将极限的定义中的$0<|x-x_0|<\delta$改成$x_0-\delta<x<x_0$;在右极限的定义中,仅将极限的定义中的$0<|x-x_0|<\delta$改成$x_0<x<x_0+\delta$.

注1.30　判定函数$f(x)$当$x \to x_0$时极限存在的方法就是验证左右极限都存在且相等.即使$f(x_0^-)$和$f(x_0^+)$都存在,但若不相等,则$\lim\limits_{x \to x_0} f(x)$不存在.

习题1.3

1.选择题:

(1)若$x<1$,下列各式正确的是(　　).

A. $\frac{1}{x}>1$　　B. $x^2<1$　　C. $x^3<1$　　D. $|x|<1$

(2)若数列$\{x_n\}$有极限a,则在a的ε邻域之外,数列中的点(　　).

A. 必不存在　　B. 至多只有有限多个

C. 必定有无穷多个　　D. 可以有有限个,也可以有无限多个

(3)如果$\lim\limits_{x \to x_0^+} f(x)$与$\lim\limits_{x \to x_0^-} f(x)$存在,则(　　).

A. $\lim\limits_{x \to x_0} f(x)$存在且$\lim\limits_{x \to x_0} f(x)=f(x_0)$

B. $\lim\limits_{x \to x_0} f(x)$存在,但不一定有$\lim\limits_{x \to x_0} f(x)=f(x_0)$

C. $\lim\limits_{x \to x_0} f(x)$不一定存在

D. $\lim\limits_{x \to x_0} f(x)$一定不存在

(4)若$f(x)=e^{\frac{1}{x}}$,则$f(x)$在$x=0$处(　　).

A. 有极限　　B. 极限不存在

C. 左右极限都存在　　D. 不能确定

(5)从$\lim\limits_{x \to x_0} f(x)=1$不能推出(　　).

A. $\lim\limits_{x \to x_0^-} f(x)=1$　　　　B. $\lim\limits_{x \to x_0^+} f(x)=1$

C. $f(x_0)=1$　　　　D. $\lim\limits_{x \to x_0}[f(x)-1]=0$

(6)若函数$f(x)$在某点x_0极限存在,则(　　).

A. $f(x)$在x_0的函数值必存在且等于极限值

B. $f(x)$在x_0函数值必存在,但不一定等于极限值

C. $f(x)$在x_0的函数值可以不存在

D. 如果$f(x_0)$存在的话,必等于极限值

2. 填空题:

(1)设$a_n=\dfrac{n-1}{n+1}$,则$\lim\limits_{n \to \infty} a_n=$________.

(2)$\lim\limits_{x \to +\infty}(\sqrt{x^2+1}-x)=$________.

(3)$\lim\limits_{x \to -2}(3x^2-5x+2)=$________.

(4)设$a_n=(-1)^n\dfrac{1}{n}$,则$\lim\limits_{n \to \infty} a_n=$________.

(5)$\lim\limits_{n \to \infty}\left(\dfrac{1}{n^2}+\dfrac{2}{n^2}+\cdots\dfrac{n}{n^2}\right)=$________.

3. 观察一般项x_n如下的数列$\{x_n\}$的变化趋势,写出它们的极限:

(1)$x_n=\dfrac{1}{2^n}$;　(2)$x_n=2-\dfrac{1}{n^2}$;　(3)$x_n=\dfrac{n+1}{n-1}$;　(4)$x_n=n(-1)^n$.

4. 利用数列极限定义证明:如果$\lim\limits_{n \to \infty} u_n=A$,则$\lim\limits_{n \to \infty}|u_n|=|A|$,并举例说明反之不然.

5. 根据函数极限的定义证明$\lim\limits_{x \to 3}(3x-1)=8$.

6. 根据函数极限的定义证明$\lim\limits_{x \to +\infty} \mathrm{e}^{-x}=0$.

7. 求下列函数极限:

(1)$\lim\limits_{x \to 0^+}\dfrac{x}{|x|}$;(2)$\lim\limits_{x \to 0^+}\dfrac{x}{x^2+|x|}$;(3)$\lim\limits_{x \to 0^-}\dfrac{x}{x^2+|x|}$.

8. 求$f(x)=\dfrac{|x|}{x}$当$x \to 0$时的左、右极限,并判断它在$x \to 0$时的极限是否存在.

1.4 无穷小与无穷大

1.4.1 无穷小量的概念

如果函数$f(x)$当$x \to x_0$(或$x \to \infty$)时的极限为零,那么称函数$f(x)$为当$x \to x_0$(或$x \to \infty$)时的**无穷小量**(简称无穷小).

特别地,以零为极限的数列$\{x_n\}$称为$n \to \infty$时的无穷小.

例如,

因为$\lim\limits_{x \to \infty}\frac{1}{x}=0$,所以函数$\frac{1}{x}$为当$x \to \infty$时的无穷小.

因为$\lim\limits_{x \to 1}(x-1)=0$,所以函数$x-1$为当$x \to 1$时的无穷小.

因为$\lim\limits_{n \to \infty}\frac{1}{n+1}=0$,所以数列$\left\{\frac{1}{n+1}\right\}$为当$n \to \infty$时的无穷小.

注 1.31 不要把无穷小与很小的数混为一谈.无穷小是这样的函数,在$x \to x_0$(或$x \to \infty$)的过程中,极限为零.很小很小的数只要它不是零,作为常数函数在自变量的任何变化过程中,其极限就是这个常数本身,不会为零.零是可以作为无穷小的唯一的常数.

1.4.2 无穷小量的性质

下面的定理给出无穷小的一些运算性质.

定理 1.9 在自变量的同一变化过程$x \to x_0$(或$x \to \infty$)中,函数$f(x)$具有极限A的充分必要条件是$f(x)=A+\alpha$,其中α是无穷小.

证明 设$\lim\limits_{x \to x_0}f(x)=A$,$\forall \varepsilon>0$,$\exists \delta>0$,使当$0<|x-x_0|<\delta$时,有

$$|f(x)-A|<\varepsilon$$

令$\alpha=f(x)-A$,则α是$x \to x_0$时的无穷小,且

$$f(x)=A+\alpha$$

这就证明了$f(x)$等于它的极限A与一个无穷小α之和.

反之,设$f(x)=A+\alpha$,其中A是常数,α是$x\to x_0$时的无穷小,于是有

$$|f(x)-A|=|\alpha|$$

因α是$x\to x_0$时的无穷小,$\forall\varepsilon>0,\exists\delta>0$,使当$0<|x-x_0|<\delta$,有

$$|\alpha|<\varepsilon \text{ 或 } |f(x)-A|<\varepsilon$$

这就证明了A是$f(x)$当$x\to x_0$时的极限.

类似地,可证明$x\to\infty$时的情形.

例如,因为$\dfrac{1+x^3}{2x^3}=\dfrac{1}{2}+\dfrac{1}{2x^3}$,而$\lim\limits_{x\to\infty}\dfrac{1}{2x^3}=0$,所以$\lim\limits_{x\to\infty}\dfrac{1+x^3}{2x^3}=\dfrac{1}{2}$.

定理 1.10 在同一过程中,有限个无穷小的代数和仍是无穷小.

证明从略.

定理 1.11 有界函数与无穷小的乘积仍是无穷小.

证明从略.

推论 1.3 常数与无穷小的乘积仍是无穷小.

推论 1.4 有限个无穷小的乘积仍是无穷小.

例 1.37 求$\lim\limits_{x\to 0}x\sin\dfrac{1}{x}$.

解 因为$\left|\sin\dfrac{1}{x}\right|\leqslant 1$,所以$\sin\dfrac{1}{x}$是有界函数,而$\lim\limits_{x\to 0}x=0$,因此当$x\to 0$时,$x\sin\dfrac{1}{x}$为有界函数与无穷小的乘积,仍然是无穷小量.

因此,得

$$\lim_{x\to 0}x\sin\frac{1}{x}=0$$

1.4.3 无穷小量的比较

由无穷小的性质可知,两个无穷小的代数和或乘积仍是无穷小. 但是两个无穷小的商却不能确定. 总体上说,它既可能是无穷小,也可能不是无穷小,甚至是无穷大.

例如,当$x\to 0$时,函数$x,2x,x^2$都是无穷小. 但是考虑它们的商在$x\to 0$的极限,却有

$$\lim_{x\to 0}\frac{x^2}{x}=0,\lim_{x\to 0}\frac{2x}{x}=2,\lim_{x\to 0}\frac{x}{x^2}=\infty$$

这说明,不同的无穷小趋于0的速度有快慢之分. 就上述3个函数而言,当$x\to0$时,无穷小x^2趋于0的速度比无穷小x趋于0的速度要快,无穷小$2x$趋于0的速度是无穷小x趋于0的速度的2倍.

设两个函数$\alpha(x)$和$\beta(x)$在自变量变化的同一过程中都是无穷小,且$\alpha(x)\neq0$,$\lim\frac{\beta(x)}{\alpha(x)}$也是这个变化过程中的极限. 相关定义如下:

如果$\lim\frac{\beta(x)}{\alpha(x)}=0$,就说$\beta(x)$是比$\alpha(x)$**高阶的无穷小**,记为$\beta(x)=o(\alpha(x))$;

如果$\lim\frac{\beta(x)}{\alpha(x)}=\infty$,就说$\beta(x)$是比$\alpha(x)$**低阶的无穷小**;

如果$\lim\frac{\beta(x)}{\alpha(x)}=c\neq0$,就说$\beta(x)$与$\alpha(x)$是**同阶无穷小**;

如果$\lim\frac{\beta(x)}{\alpha(x)}=1$,就说$\beta(x)$与$\alpha(x)$是**等价无穷小**,记为$\beta(x)\sim\alpha(x)$.

显然,在$x\to0$的过程中,x^2是比x高阶的无穷小,即$x^2=o(x)$;反过来,x是比x^2低阶的无穷小;而x与$2x$是同阶无穷小.

在$x\to0$的过程中,常用的等价无穷小有:$\sin x\sim x$,$\tan x\sim x$,$\arcsin x\sim x$,$\arctan x\sim x$,$\ln(1+x)\sim x$,$e^x-1\sim x$,$1-\cos x\sim\frac{1}{2}x^2$.

1.4.4 无穷大

首先来看看$y=\frac{1}{x}$当$x\to0$的变化趋势.

当x越来越接近0时,$\left|\frac{1}{x}\right|$就越来越大,当x无限接近0的过程中,$\left|\frac{1}{x}\right|$就可以任意大. 这就可以引出无穷大的概念.

如果当$x\to x_0$(或$x\to\infty$)时,对应的函数值的绝对值$|f(x)|$无限增大,就称函数$f(x)$为当$x\to x_0$(或$x\to\infty$)时的**无穷大**.

应指出的是,当$x\to x_0$(或$x\to\infty$)时为无穷大的函数$f(x)$,按函数极限定义来说,极限是不存在的. 但为了便于叙述函数的这一性态,也说"函数的极限是无穷大",并记为

$$\lim_{x\to x_0}f(x)=\infty\left(\text{或}\lim_{x\to\infty}f(x)=\infty\right)\tag{1.51}$$

例如，$\lim\limits_{x\to 0}\frac{1}{x}=\infty$，$\lim\limits_{x\to 0}\lg x=-\infty$，$\lim\limits_{x\to\infty}x^2=\infty$.

定理 1.12（无穷大与无穷小之间的关系） 在自变量的同一变化过程中，如果 $f(x)$ 为无穷大，则 $\frac{1}{f(x)}$ 为无穷小；反之，如果 $f(x)$ 为无穷小，且 $f(x)\neq 0$，则 $\frac{1}{f(x)}$ 为无穷大.

证明从略.

注 1.32 根据定理 1.12，关于无穷大的讨论，都可归结为关于无穷小的讨论.

习题 1.4

1. 选择题：

(1) 无穷多个无穷小量之和，则（ ）.

A. 必是无穷小量

B. 必是无穷大量

C. 必是有界量

D. 是无穷小，或是无穷大，或有可能是有界量

(2) 如果 $\lim f(x)=\infty$，$\lim g(x)=\infty$，则下列式子成立的是（ ）.

A. $\lim[f(x)+g(x)]=\infty$　　B. $\lim[f(x)-g(x)]=0$

C. $\lim\frac{1}{f(x)}=0$　　D. $\lim\frac{1}{f(x)+g(x)}=0$

(3) 当 $x\to 0$ 时，下列变量中是无穷小的为（ ）.

A. e^x　　B. $\frac{\sqrt{x+1}-1}{x}$　　C. $\ln(2x+1)$　　D. $\frac{\cos x}{x}$

(4) 当 $x\to\infty$ 时，下列无穷小中，（ ）是等价无穷小.

A. $x\operatorname{arccot}x$ 与 x　　B. $1-\cos x$ 与 $\frac{x^2}{2}$

C. $\tan 3x$ 与 x　　D. $2x-x^2$ 与 x^2-x^3

(5) 若 $x\to 0$ 时，$1-\cos x$ 与 $x\sin ax$ 是等价无穷小，则 $a=$（ ）.

A. $\frac{1}{2}$　　B. 4　　C. 1　　D. -1

2. 填空题：

(1) 当 $x\to+\infty$ 时，$\dfrac{x+1}{x^4+2}$ 与 $\dfrac{1}{x}$ 是________阶无穷小.

(2) 当 $x\to\infty$ 时，$\dfrac{1+2x}{x^2}$ 是无穷________.

(3) 当 $n\to\infty$ 时，$(-1)^n\dfrac{1}{2^n}$ 是无穷________.

3. 已知函数

$$x\sin x,\quad \frac{1}{x^2},\quad \frac{1}{x},\quad \ln(1+x),\quad e^x,\quad e^{-x}$$

(1) 当 $x\to0$ 时，上述各函数中哪些是无穷小？哪些是无穷大？

(2) 当 $x\to+\infty$ 时，上述各函数中哪些是无穷小？哪些是无穷大？

4. 证明：当 $x\to0$ 时，$\arcsin x\sim x$，$\arctan x\sim x$.

5. 利用等价无穷小的性质，求下极限：

(1) $\lim\limits_{x\to0}\dfrac{\sin 2x}{\sin 3x}$；　(2) $\lim\limits_{x\to0}\dfrac{\sin 2x}{\arctan x}$；　(3) $\lim\limits_{x\to\infty}\dfrac{1}{x}\sin x$.

6. 函数 $y=x\cos x$ 在 $(-\infty,+\infty)$ 内是否有界？这个函数是否为当 $x\to+\infty$ 时的无穷大？为什么？

1.5　极限的运算法则

前面介绍了数列和函数极限的定义，由极限的定义可以验证某个常数是某数列或函数的极限，而不能求出其极限. 那么怎样才能求出极限呢？本节将介绍极限的四则运算法则和复合函数的极限运算法则，利用这些法则，可以求某些数列和函数的极限，以后还会介绍求极限的其他方法.

为方便起见，下面的讨论中，极限符号“lim”下面没有标明自变量的变化过程，表明对 $x\to x_0$ 和 $x\to\infty$ 都是成立的. 在论证时，也只给出 $x\to x_0$ 情形时的证明.

1.5.1　极限的四则运算法则

定理 1.13　如果 $\lim f(x)=A$，$\lim g(x)=B$，那么：

①$\lim[f(x)\pm g(x)]=\lim f(x)\pm\lim g(x)=A\pm B$.

②$\lim[f(x)\cdot g(x)]=\lim f(x)\cdot\lim g(x)=A\cdot B$.

③$\lim\dfrac{f(x)}{g(x)}=\dfrac{\lim f(x)}{\lim g(x)}=\dfrac{A}{B}(B\neq 0)$.

证明 ①因为 $\lim f(x)=A,\lim g(x)=B$,根据极限与无穷小的关系,有

$$f(x)=A+\alpha,g(x)=B+\beta$$

其中,α 和 β 为无穷小. 于是

$$f(x)\pm g(x)=(A+\alpha)\pm(B+\beta)=(A\pm B)+(\alpha\pm\beta)$$

即 $f(x)\pm g(x)$ 可表示为常数 $(A\pm B)$ 与无穷小 $(\alpha\pm\beta)$ 之和. 因此

$$\lim[f(x)\pm g(x)]=\lim f(x)\pm\lim g(x)=A\pm B$$

②因为 $\lim f(x)=A,\lim g(x)=B$,有

$$f(x)=A+\alpha,g(x)=B+\beta$$

其中,α 和 β 为无穷小. 于是

$$f(x)\cdot g(x)=(A+\alpha)\cdot(B+\beta)=AB+\alpha B+\beta A+\alpha\beta$$

根据无穷小的性质,常数与无穷小的乘积仍是无穷小,两个无穷小的乘积仍是无穷小. 因此

$$\lim[f(x)\cdot g(x)]=A\cdot B$$

关于③的证明复杂一些,这里不证明,有兴趣的读者可以参考其他教材.

推论 1.5 如果 $\lim f(x)$ 存在,而 c 为常数,则

$$\lim[cf(x)]=c\lim f(x) \tag{1.52}$$

推论 1.6 如果 $\lim f(x)$ 存在,而 n 是正整数,则

$$\lim[f(x)]^n=[\lim f(x)]^n \tag{1.53}$$

类似地,关于数列的极限,有以下定理:

定理 1.14 设有数列 $\{x_n\}$ 和 $\{y_n\}$. 如果 $\lim\limits_{n\to\infty}x_n=A,\lim\limits_{n\to\infty}y_n=B$,那么:

①$\lim\limits_{n\to\infty}(x_n\pm y_n)=A\pm B$.

②$\lim\limits_{n\to\infty}(x_n\cdot y_n)=A\cdot B$.

③当 $y_n\neq 0(n=1,2,\cdots)$ 且 $B\neq 0$ 时,$\lim\limits_{n\to\infty}\dfrac{x_n}{y_n}=\dfrac{A}{B}$.

证明从略.

定理 1.15 如果 $\varphi(x)\geqslant g(x)$,而 $\lim\varphi(x)=a,\lim g(x)=b$,那么 $a\geqslant b$.

证明 令 $f(x)=\varphi(x)-g(x)$,则 $f(x)\geqslant 0$.

因为 $\lim f(x)=\lim[\varphi(x)-g(x)]=\lim\varphi(x)-\lim g(x)=a-b$.

根据函数极限的保号性，$a-b\geqslant 0$，故 $a\geqslant b$.

例1.38 求$\lim\limits_{x\to 1}(3x+1)$.

解 $\lim\limits_{x\to 1}(3x+1)=\lim\limits_{x\to 1}3x+\lim\limits_{x\to 1}1=3\lim\limits_{x\to 1}x+1=3\cdot 1+1=4$

例1.39 求$\lim\limits_{x\to 1}(3x^2-x-1)$.

解 $\lim\limits_{x\to 1}(3x^2-x-1)=\lim\limits_{x\to 1}3x^2-\lim\limits_{x\to 1}x-\lim\limits_{x\to 1}1=3\cdot 1-1-1=1$

例1.40 求$\lim\limits_{x\to 2}\dfrac{x^3+1}{x^2-x+3}$.

解
$$\lim_{x\to 2}\frac{x^3+1}{x^2-x+3}=\frac{\lim\limits_{x\to 2}(x^3+1)}{\lim\limits_{x\to 2}(x^2-x+3)}$$
$$=\frac{\lim\limits_{x\to 2}x^3+\lim\limits_{x\to 2}1}{\lim\limits_{x\to 2}x^2-\lim\limits_{x\to 2}x+\lim\limits_{x\to 2}3}=\frac{(\lim\limits_{x\to 2}x)^3+1}{(\lim\limits_{x\to 2}x)^2-2+3}=\frac{2^3+1}{2^2+1}=\frac{9}{5}$$

例1.41 求$\lim\limits_{x\to 2}\dfrac{x-2}{x^2-4}$.

解 $$\lim_{x\to 2}\frac{x-2}{x^2-4}=\lim_{x\to 2}\frac{x-2}{(x+2)(x-2)}=\lim_{x\to 2}\frac{1}{(x+2)}=\frac{1}{4}$$

例1.42 求$\lim\limits_{x\to\infty}\dfrac{5x^3+4x^2+2}{7x^3+5x^2-3}$.

解 先用x^3去除分子及分母，然后取极限，得
$$\lim_{x\to\infty}\frac{5x^3+4x^2+2}{7x^3+5x^2-3}=\lim_{x\to\infty}\frac{5+\dfrac{4}{x}+\dfrac{2}{x^3}}{7+\dfrac{5}{x}-\dfrac{3}{x^3}}=\frac{5}{7}$$

例1.43 求$\lim\limits_{x\to\infty}\dfrac{x^2+1}{2x^3+x^2-3}$.

解 先用x^3去除分子及分母，然后取极限，得
$$\lim_{x\to\infty}\frac{x^2+1}{2x^3+x^2-3}=\lim_{x\to\infty}\frac{\dfrac{1}{x}+\dfrac{1}{x^3}}{2+\dfrac{1}{x}-\dfrac{3}{x^3}}=\frac{0}{2}=0$$

例1.44 求$\lim\limits_{x\to\infty}\dfrac{7x^3+5}{3x^2-2x}$.

解 因为

$$\lim_{x\to\infty}\frac{3x^2-2x}{7x^3+5}=0$$

所以

$$\lim_{x\to\infty}\frac{7x^3+5}{3x^2-2x}=\infty$$

即$\lim\limits_{x\to\infty}\frac{7x^3+5}{3x^2-2x}$不存在.

例 1.45 求$\lim\limits_{x\to 9}\frac{\sqrt{x}-3}{x-9}$.

解 $$\lim_{x\to 9}\frac{\sqrt{x}-3}{x-9}=\lim_{x\to 9}\frac{\sqrt{x}-3}{(\sqrt{x}+3)(\sqrt{x}-3)}=\lim_{x\to 9}\frac{1}{(\sqrt{x}+3)}=\frac{1}{6}$$

例 1.46 求$\lim\limits_{x\to\infty}\frac{100\sin x}{x}$.

解 当$x\to\infty$时,分子及分母的极限都不存在,故关于商的极限的运算法则不能应用.

但$\frac{100\sin x}{x}=\frac{100}{x}\cdot\sin x$,是无穷小与有界函数的乘积,因此

$$\lim_{x\to\infty}\frac{100\sin x}{x}=0$$

注 1.33 若分母中有零因子,则将分子分母进行因式分解,消去零因子.

注 1.34 在求$\lim\limits_{x\to\infty}\frac{a_0x^m+a_1x^{m-1}+\cdots+a_m}{b_0x^n+b_1x^{n-1}+\cdots+b_n}$(其中,$a_0\neq 0$,$b_0\neq 0$,$m$ 和 n 为非负整数)时,以分母中自变量的最高次幂除分子和分母,以分出无穷小,然后再求极限. 若$m=n$,其极限值为$\frac{a_0}{b_0}$;若$m<n$,其极限值为0;若$m>n$,其极限不存在.

注 1.35 部分函数还需用利用无穷小的性质求极限.

1.5.2 复合函数的极限运算法则

定理 1.16 设函数$y=f[g(x)]$是由函数$y=f(u)$与函数$u=g(x)$复合而成,

$f[g(x)]$在点 x_0 的某去心邻域内有定义，若$\lim\limits_{x\to x_0} g(x)=u_0$，$\lim\limits_{u\to u_0} f(u)=A$，且存在$\delta_0$，当 $x\in \mathring{U}(x_0,\delta_0)$时，有 $g(x)\neq u_0$，则

$$\lim_{x\to x_0} f[g(x)] = \lim_{u\to u_0} f(u) = A \tag{1.54}$$

证明从略.

例 1.47 求$\lim\limits_{x\to 3}\sqrt{\dfrac{x^2-9}{x-3}}$.

解 $y=\sqrt{\dfrac{x^2-9}{x-3}}$是由 $y=\sqrt{u}$与 $u=\dfrac{x^2-9}{x-3}$复合而成的.

因为$\lim\limits_{x\to 3}\dfrac{x^2-9}{x-3}=6$，所以得

$$\lim_{x\to 3}\sqrt{\frac{x^2-9}{x-3}} = \lim_{u\to 6}\sqrt{u} = \sqrt{6}$$

例 1.48 求$\lim\limits_{x\to\frac{1}{2}}\arcsin\left(x+\dfrac{1}{2}\right)$.

解 $\lim\limits_{x\to\frac{1}{2}}\arcsin\left(x+\dfrac{1}{2}\right)$是由 $y=\arcsin u$ 与 $u=x+\dfrac{1}{2}$复合而成的。

因为$\lim\limits_{x\to\frac{1}{2}}\left(x+\dfrac{1}{2}\right)=1$，所以得

$$\lim_{x\to\frac{1}{2}}\arcsin\left(x+\frac{1}{2}\right) = \frac{\pi}{2}$$

注 1.36 把定理 1.16 中$\lim\limits_{x\to x_0} g(x)=u_0$ 换成$\lim\limits_{x\to x_0} g(x)=\infty$或$\lim\limits_{x\to\infty} g(x)=\infty$，而把$\lim\limits_{u\to u_0} f(u)=A$ 换成$\lim\limits_{u\to\infty} f(u)=A$ 可得类似结果.

习题 1.5

1. 选择题：

(1) 设$\lim\limits_{x\to 0} f(x)$及$\lim\limits_{x\to 0} g(x)$都不存在，则(　　).

A. $\lim\limits_{x\to 0}[f(x)+g(x)]$及$\lim\limits_{x\to 0}[f(x)-g(x)]$一定不存在

B. $\lim\limits_{x\to 0}[f(x)+g(x)]$及$\lim\limits_{x\to 0}[f(x)-g(x)]$一定都存在

C. $\lim\limits_{x\to0}[f(x)+g(x)]$及$\lim\limits_{x\to0}[f(x)-g(x)]$中恰有一个存在,而另一个不存在

D. $\lim\limits_{x\to0}[f(x)+g(x)]$及$\lim\limits_{x\to0}[f(x)-g(x)]$有可能存在

(2)若$\lim\limits_{x\to x_0}f(x)=0$,则(　　).

A. 当$g(x)$为任意函数时,有$\lim\limits_{x\to x_0}f(x)g(x)=0$成立

B. 仅当$\lim\limits_{x\to x_0}g(x)=0$时,才有$\lim\limits_{x\to x_0}f(x)g(x)=0$成立

C. 当$g(x)$为有界时,能使$\lim\limits_{x\to x_0}f(x)g(x)=0$成立

D. 仅当$g(x)$为常数时,才能使$\lim\limits_{x\to x_0}f(x)g(x)=0$成立

(3)$\lim\limits_{x\to1}\dfrac{\sin^2(1-x)}{(x-1)^2(x+2)}=$(　　).

A. $\dfrac{1}{3}$　　B. $-\dfrac{1}{3}$　　C. 0　　D. $\dfrac{2}{3}$

(4)$\lim\limits_{x\to0}\dfrac{x^2\sin\dfrac{1}{x}}{\sin x}$的值为(　　).

A. 1　　B. ∞　　C. 不存在　　D. 0

2. 填空题:

(1)$\lim\limits_{x\to2}\dfrac{x^3-3}{x-3}=$________.

(2)$\lim\limits_{x\to0}\dfrac{4x^4-2x^2+x}{3x^2+2x}=$________.

(3)$\lim\limits_{x\to0}x^2\sin\dfrac{1}{x}=$________.

(4)$\lim\limits_{n\to\infty}\dfrac{(n+1)(n+2)(n+3)}{5n^3}=$________.

3 .计算下列极限:

(1)$\lim\limits_{x\to2}\dfrac{x^2+5}{x-3}$

(2)$\lim\limits_{x\to+\infty}\dfrac{1+\sqrt{x}}{1-\sqrt{x}}$

(3)$\lim\limits_{x\to1}\dfrac{x^2-2x+1}{x^2-1}$

(4)$\lim\limits_{x\to0}\dfrac{4x^3-2x^2+x}{3x^2+2x}$

(5)$\lim\limits_{x\to-\infty}\dfrac{x-\cos x}{x-7}$

(6)$\lim\limits_{x\to\infty}\left(1+\dfrac{1}{x}\right)\left(2-\dfrac{1}{x^2}\right)$

(7) $\lim\limits_{x\to1}\left(\dfrac{1}{1-x}-\dfrac{3}{1-x^3}\right)$　　　　(8) $\lim\limits_{n\to\infty}\left(\dfrac{1}{n^2}+\dfrac{2}{n^2}+\cdots+\dfrac{n}{n^2}\right)$

4 .计算$\lim\limits_{x\to\infty}\dfrac{\sqrt{x+1}-1}{x}$的极限.

1.6 极限存在的准则与两个重要极限

1.6.1 极限存在的准则

准则Ⅰ(数列极限存在准则)　如果数列$\{x_n\}$,$\{y_n\}$及$\{z_n\}$满足下列条件:

①从某项起,即存在$n_0\in N$,当$n>n_0$时,有

$$y_n\leqslant x_n\leqslant z_n$$

②$\lim\limits_{n\to\infty}y_n=a$,$\lim\limits_{n\to\infty}z_n=a$,**那么数列$\{x_n\}$的极限存在**,且$\lim\limits_{n\to\infty}x_n=a$.

证明　因为$\lim\limits_{n\to\infty}y_n=a$,$\lim\limits_{n\to\infty}z_n=a$,根据数列极限的定义,$\forall\varepsilon>0$,$\exists N_1>0$,当$n>N_1$时,有$|y_n-a|<\varepsilon$;又$\exists N_2>0$,当$n>N_2$时,有$|z_n-a|<\varepsilon$. 现取$n_0=\max\{N_1,N_2\}$,则当$n>n_0$时,有

$$|y_n-a|<\varepsilon,|z_n-a|<\varepsilon$$

同时成立,即

$$a-\varepsilon<y_n<a+\varepsilon,a-\varepsilon<z_n<a+\varepsilon$$

同时成立.

又因当$n>n_0$时,$y_n\leqslant x_n\leqslant z_n$成立,于是有

$$a-\varepsilon<y_n\leqslant x_n\leqslant z_n<a+\varepsilon$$

即

$$|x_n-a|<\varepsilon.$$

这就证明了$\lim\limits_{n\to\infty}x_n=a$.

上述数列极限存在的准则可以推广到函数的极限.

准则Ⅰ′(函数极限存在准则)　如果函数$f(x)$,$g(x)$及$h(x)$满足下列条件:

①$g(x)\leqslant f(x)\leqslant h(x)$;

②$\lim g(x)=A$,$\lim h(x)=A$;

那么$\lim f(x)$存在,且$\lim f(x)=A$.

证明从略.

注意 如果上述极限过程是 $x \to x_0$,要求函数在 x_0 的某一去心邻域内有定义,上述极限过程是 $x \to \infty$,要求函数当 $|x| > M$ 时有定义.

准则Ⅰ及准则Ⅰ′称为夹逼准则.

如果数列$\{x_n\}$满足条件

$$x_1 \leqslant x_2 \leqslant x_3 \leqslant \cdots \leqslant x_n \leqslant x_{n+1} \leqslant \cdots$$

就称数列$\{x_n\}$是**单调增加**的;如果数列$\{x_n\}$满足条件

$$x_1 \geqslant x_2 \geqslant x_3 \geqslant \cdots \geqslant x_n \geqslant x_{n+1} \geqslant \cdots$$

就称数列$\{x_n\}$是**单调减少**的. 单调增加和单调减少数列统称为**单调数列**.

准则Ⅱ 单调有界数列必有极限.

证明从略.

在本章1.3节中曾证明:收敛的数列一定有界. 但那时也曾指出:有界的数列不一定收敛. 现在准则Ⅱ表明:如果数列不仅有界,并且是单调的,那么该数列的极限必定存在,也就是该数列一定收敛.

例如,数列$\{y_n\} = \left\{1 - \frac{1}{n}\right\}$:$0, \frac{1}{2}, \frac{2}{3}, \frac{3}{4}, \cdots$. 该数列是单调增加的,而且 $y_n < 1$. 因此,根据准则Ⅱ,数列$\{y_n\}$的极限存在. 根据极限的求法,可得

$$\lim_{n \to \infty}\left(1 - \frac{1}{n}\right) = 1$$

准则Ⅱ的几何解释:

单调增加数列的点只可能向右一个方向移动,或者无限向右移动,或者无限趋近于某一定点 A,而对有界数列只可能后者情况发生,因此必然收敛,如图1.28所示.

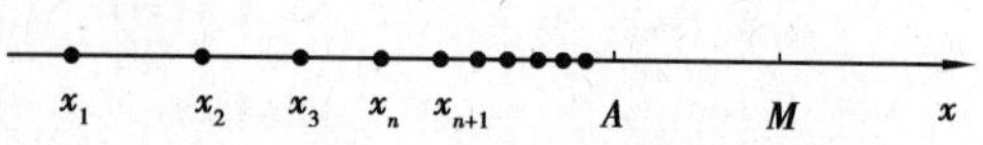

图1.28 单调有界数列必有极限示意图

1.6.2 两个重要极限

下面根据准则Ⅰ′证明第一个**重要极限**,即

$$\lim_{x \to 0} \frac{\sin x}{x} = 1 \tag{1.55}$$

证明 首先注意到，函数$\dfrac{\sin x}{x}$对于一切 $x\neq 0$ 都有定义.

假设有以下(见图 1.29)单位圆. 在该圆中，$BC\perp OA$，$DA\perp OA$.

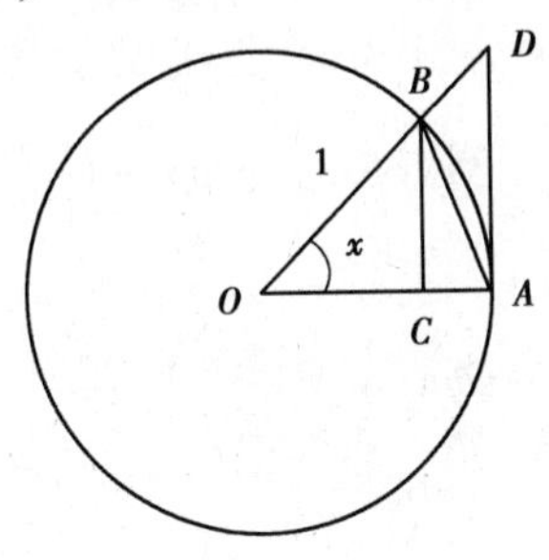

图 1.29

设圆心角$\angle AOB$ 为 $x\left(0<x<\dfrac{\pi}{2}\right)$. 显然，$\sin x=CB$，$x=\overset{\frown}{AB}$，$\tan x=AD$. 因为

$$S_{\triangle AOB} < S_{扇形AOB} < S_{\triangle AOD}$$

所以

$$\frac{1}{2}\sin x < \frac{1}{2}x < \frac{1}{2}\tan x$$

即

$$\sin x < x < \tan x$$

不等号各边都除以 $\sin x$，就有

$$1 < \frac{x}{\sin x} < \frac{1}{\cos x}$$

或

$$\cos x < \frac{\sin x}{x} < 1$$

注意此不等式当 $-\dfrac{\pi}{2}<x<0$ 时也成立. 而$\lim\limits_{x\to 0}\cos x=1$，根据准则 I′，得

$$\lim_{x\to 0}\frac{\sin x}{x} = 1$$

注 1.37 在极限 $\lim\dfrac{\sin\alpha(x)}{\alpha(x)}$中，只要 $\alpha(x)$是无穷小，就有 $\lim\dfrac{\sin\alpha(x)}{\alpha(x)}=1$. 这是因为，令 $u=\alpha(x)$，则 $u\to 0$，于是 $\lim\dfrac{\sin\alpha(x)}{\alpha(x)}=\lim\limits_{u\to 0}\dfrac{\sin u}{u}=1$.

利用式(1.55)可求出一些其他函数的极限.

例 1.49 求$\lim\limits_{x\to 0}\dfrac{\tan x}{x}$.

解
$$\lim_{x\to 0}\frac{\tan x}{x}=\lim_{x\to 0}\frac{\sin x}{x}\cdot\frac{1}{\cos x}=\lim_{x\to 0}\frac{\sin x}{x}\cdot\lim_{x\to 0}\frac{1}{\cos x}=1$$

例 1.50 求$\lim\limits_{x\to 0}\dfrac{\sin kx}{x}$($k$ 为非 0 常数).

解 令 $t=kx$，则 $x=t/k$，当 $x\to0$ 时，$t\to0$，于是得

$$\lim_{x\to0}\frac{\sin kx}{x}=\lim_{t\to0}\frac{\sin t}{t/k}=\lim_{t\to0}k\frac{\sin t}{t}=k$$

例中对于 $k=0$ 也成立.

例 1.51 求 $\lim\limits_{x\to0}\dfrac{1-\cos x}{x^2}$.

解

$$\lim_{x\to0}\frac{1-\cos x}{x^2}=\lim_{x\to0}\frac{2\sin^2\frac{x}{2}}{x^2}=\frac{1}{2}\lim_{x\to0}\frac{\sin^2\frac{x}{2}}{\left(\frac{x}{2}\right)^2}$$

$$=\frac{1}{2}\lim_{x\to0}\left(\frac{\sin\frac{x}{2}}{\frac{x}{2}}\right)^2=\frac{1}{2}\cdot1^2=\frac{1}{2}$$

根据准则Ⅱ，可得到第二个**重要极限**，即

$$\lim_{x\to\infty}\left(1+\frac{1}{x}\right)^x=\mathrm{e}\tag{1.56}$$

证明从略.

式(1.56)也可写为

$$\lim_{x\to0}(1+x)^{\frac{1}{x}}=\mathrm{e}\tag{1.57}$$

注 1.38 在极限 $\lim\,[1+\alpha(x)]^{\frac{1}{\alpha(x)}}$ 中，只要 $\alpha(x)$ 是无穷小，就有 $\lim\,[1+\alpha(x)]^{\frac{1}{\alpha(x)}}=\mathrm{e}$. 这是因为，令 $u=\dfrac{1}{\alpha(x)}$，则 $u\to\infty$，于是 $\lim\,[1+\alpha(x)]^{\frac{1}{\alpha(x)}}=\lim\limits_{u\to\infty}\left(1+\dfrac{1}{u}\right)^u=\mathrm{e}$.

例 1.52 求 $\lim\limits_{x\to\infty}\left(1-\dfrac{1}{x}\right)^x$.

解 令 $t=-x$，则 $x\to\infty$ 时，$t\to\infty$. 于是得

$$\lim_{x\to\infty}\left(1-\frac{1}{x}\right)^x=\lim_{t\to\infty}\left(1+\frac{1}{t}\right)^{-t}=\lim_{t\to\infty}\frac{1}{\left(1+\frac{1}{t}\right)^t}=\frac{1}{\mathrm{e}}$$

例 1.53 求 $\lim\limits_{x\to\infty}\left(1+\dfrac{k}{x}\right)^x$（$k$ 为非 0 常数）.

解　令 $t=k/x$，则 $x=k/t$，当 $x\to\infty$ 时，$t\to 0$，于是得

$$\lim_{x\to\infty}\left(1+\frac{k}{x}\right)^{x}=\lim_{t\to 0}(1+t)^{\frac{k}{t}}=\lim_{t\to 0}\left[(1+t)^{\frac{1}{t}}\right]^{k}=e^{k}$$

习题 1.6

1. 选择题：

(1) $\lim\limits_{x\to\infty} x\sin\dfrac{1}{x}=(\quad)$.

A. ∞　　B. 不存在　　C. 1　　D. 0

(2) $\lim\limits_{x\to\infty}\left(1-\dfrac{1}{x}\right)^{2x}=(\quad)$.

A. e^{-2}　　B. ∞　　C. 0　　D. $\dfrac{1}{2}$

(3) $\lim\limits_{x\to 0}\dfrac{\tan x}{\sin x}=(\quad)$.

A. ∞　　B. 不存在　　C. 1　　D. 0

(4) $\lim\limits_{n\to\infty} 3^{n}\sin\dfrac{x}{3^{n}}=(\quad)$.

A. x　　B. 不存在　　C. 1　　D. 0

2. 填空题：

(1) $\lim\limits_{x\to x_0} f(x)=A$，$\lim\limits_{x\to x_0}\varphi(x)=A$，$2f(x)\leqslant g(x)\leqslant 2\varphi(x)$，则 $\lim\limits_{x\to x_0} g(x)=$ ________.

(2) 若 $\lim\limits_{x\to\infty} x_n=1$，则 $\lim\limits_{x\to\infty}\dfrac{x_{n-1}+x_n+x_{n+1}}{3}=$ ________.

(3) $\lim\limits_{x\to 0}\ln\dfrac{\sin x}{x}=$ ________.

(4) $\lim\limits_{x\to 0}\dfrac{\sin 2x}{\sin 3x}=$ ________.

(5) $\lim\limits_{x\to\infty}\dfrac{\sin x}{2x}=$ ________.

3. 求下列极限：

(1) $\lim\limits_{x\to 0}\dfrac{\sin ax}{bx}\,(b\neq 0)$　　(2) $\lim\limits_{x\to 0}\dfrac{1-\cos x}{x\sin x}$

(3) $\lim\limits_{x\to 0}\dfrac{2x-\tan x}{\sin x}$　　(4) $\lim\limits_{x\to 0}\dfrac{\arcsin x}{x}$

(5) $\lim\limits_{x\to\infty}\left(1+\dfrac{2}{x}\right)^x$　　(6) $\lim\limits_{t\to\infty}\left(1-\dfrac{1}{t}\right)^t$

(7) $\lim\limits_{x\to\infty}\left(1+\dfrac{1}{x}\right)^{x+3}$　　(8) $\lim\limits_{x\to\infty}\left(\dfrac{x+a}{x-a}\right)^x (a\neq 0)$

4. 利用极限存在准则证明：$\lim\limits_{x\to+\infty}\dfrac{\sqrt{x^2+1}}{x+1}=1$.

5. 利用极限存在准则证明：数列$\sqrt{2},\sqrt{2+\sqrt{2}},\sqrt{2+\sqrt{2+\sqrt{2}}},\cdots$的极限存在.

1.7　函数的连续性与间断点

1.7.1　函数连续的定义

现实中很多变量的变化是连续不断的. 如气温、物体运动的路程等. 这反映到数学上就是函数的连续性，它是高等数学中很重要的概念，现在给予讨论.

(1)变量的增量

设变量 u 从它的一个初值 u_1 变到终值 u_2，终值与初值的差 u_2-u_1 则称为**变量 u 的增量**，记为 Δu，即 $\Delta u=u_2-u_1$.

设函数 $y=f(x)$ 在点 x_0 的某一个邻域内是有定义的. 当自变量 x 在该邻域内从 x_0 变到 $x_0+\Delta x$ 时，函数 y 相应地从 $f(x_0)$ 变到 $f(x_0+\Delta x)$，因此函数 y 对应的增量为

$$\Delta y=f(x_0+\Delta x)-f(x_0) \tag{1.58}$$

如图 1.30 所示.

注 1.39　变量的增量可正可负.

例 1.54　函数 $y=f(x)=x^2$，当自变量 x 从 1 变到 2 时，自变量的增量为 $\Delta x=1$，$\Delta y=f(2)-f(1)=3$.

(2)函数连续的定义

设函数 $y=f(x)$ 在点 x_0 的某一个邻域内有定义，如果当自变量的增量 Δx 趋于

零时,对应的函数的增量 $\Delta y = f(x_0 + \Delta x) - f(x_0)$ 也趋于零,即

$$\lim_{\Delta x \to 0} \Delta y = \lim_{\Delta x \to 0}[f(x_0 + \Delta x) - f(x_0)] = 0 \tag{1.59}$$

那么就称**函数 $y = f(x)$ 在点 x_0 处连续**. 图 1.30 所示的函数在点 x_0 处是连续的.

而对于如图 1.31 所示的函数来讲,在点 x_0 处不满足式(1.59)的条件,它在 x_0 处是不连续的.

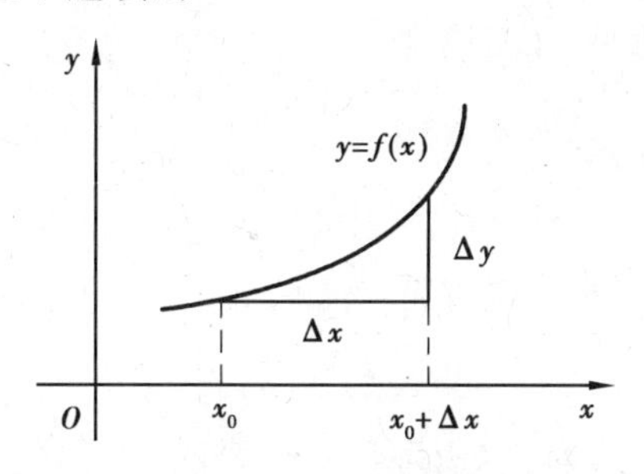

图 1.30 函数的变量的增量示意图

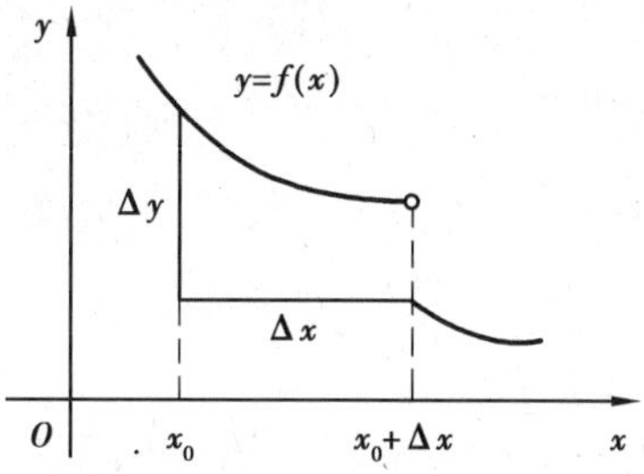

图 1.31 函数在某点不连续情形

设 $x = x_0 + \Delta x$,则当 $\Delta x \to 0$ 时,$x \to x_0$,因此由 $\lim\limits_{\Delta x \to 0}[f(x_0 + \Delta x) - f(x_0)] = 0$ 可得

$$\lim_{x \to x_0} f(x) = f(x_0) \tag{1.60}$$

于是函数连续的定义又可叙述如下:

设函数 $y = f(x)$ 在点 x_0 的某一个邻域内有定义,如果

$$\lim_{x \to x_0} f(x) = f(x_0)$$

那么就称**函数 $y = f(x)$ 在点 x_0 处连续**.

注 1.40 函数 $y = f(x)$ 在点 x_0 处连续必须满足的 3 个条件:一是 $f(x_0)$ 有定义;二是 $\lim\limits_{x \to x_0} f(x)$ 存在;三是 $\lim\limits_{x \to x_0} f(x) = f(x_0)$. 3 个条件缺一不可.

注 1.41 根据函数连续性定义,求连续函数在某点的极限,只需求出函数在该点的函数值即可.

例 1.55 证明函数 $y = \sin x$ 在区间 $(-\infty, +\infty)$ 内任意一点都是连续的.

证明 设 x 为区间 $(-\infty, +\infty)$ 内任意一点. 当自变量 x 有增量 Δx 时,则有

$$\Delta y = \sin(x + \Delta x) - \sin x = 2\sin\frac{\Delta x}{2}\cos\left(x + \frac{\Delta x}{2}\right)$$

因为当 $\Delta x \to 0$ 时,Δy 是无穷小与有界函数的乘积,所以 $\lim\limits_{\Delta x \to 0} \Delta y = 0$. 这就证明

了函数 $y=\sin x$ 在区间 $(-\infty,+\infty)$ 内任意一点 x 都是连续的. 类似可证明函数 $y=\cos x$ 在区间 $(-\infty,+\infty)$ 内是连续的.

1.7.2 左连续与右连续

如果 $\lim\limits_{x\to x_0^-} f(x)=f(x_0)$,则称 $y=f(x)$ 在点 x_0 处**左连续**.

如果 $\lim\limits_{x\to x_0^+} f(x)=f(x_0)$,则称 $y=f(x)$ 在点 x_0 处**右连续**.

左连续与右连续统称**左右连续**.

根据该定义可知,函数 $y=f(x)$ 在点 x_0 处连续等价于函数 $y=f(x)$ 在点 x_0 处左连续且右连续.

例 1.56 讨论 $f(x)=\begin{cases}x+2 & x\geqslant 0\\ x-2 & x<0\end{cases}$ 在 $x=0$ 处的连续性.

解 由于 $f(0)=2$, $\lim\limits_{x\to 0^+} f(x)=\lim\limits_{x\to 0^+}(x+2)=2=f(0)$, $\lim\limits_{x\to 0^-} f(x)=\lim\limits_{x\to 0^-}(x-2)=-2\neq f(0)$.

因此,该函数不左连续. 故原函数在 $x=0$ 处不连续.

在区间上每一点都连续的函数称为在该区间上的连续函数,或者说函数在该区间上连续. 如果区间包括端点,那么函数在右端点连续是指左连续,在左端点连续是指右连续.

例如,如果 $P(x)$ 是多项式函数,由于 $P(x)$ 在 $(-\infty,+\infty)$ 内任意一点 x_0 处有定义,且 $\lim\limits_{x\to x_0} P(x)=P(x_0)$,因此 $P(x)$ 在区间 $(-\infty,+\infty)$ 内是连续的. 函数 $f(x)=\sqrt{x}$ 在区间 $[0,\infty)$ 内是连续的.

连续函数的图形是一条不间断的曲线.

注 1.42 以后通过验证函数 $y=f(x)$ 在点 x_0 处是否左右连续来判定函数 $y=f(x)$ 在点 x_0 处是否连续.

1.7.3 函数的间断点

(1) 间断点的定义

如果函数 $f(x)$ 在点 x_0 处不满足连续的条件,则称函数 $f(x)$ 在点 x_0 处不连续,或者称为函数$f(x)$在点x_0处是间断的，点x_0称为函数$f(x)$的**间断点**. 根据函数在某点连续必须满足的3个条件，有以下关于间断点的定义：

设函数$f(x)$在点x_0的某一去心邻域内有定义，如果函数$f(x)$有下列3种情形之一：

①在x_0没有定义.

②虽然在x_0有定义，但$\lim\limits_{x\to x_0}f(x)$不存在.

③虽然在x_0有定义且$\lim\limits_{x\to x_0}f(x)$存在，但$\lim\limits_{x\to x_0}f(x)\neq f(x_0)$.

则函数$f(x)$在点x_0为不连续，而点x_0称为函数$f(x)$的**不连续点或间断点**.

注1.43　前面讲了函数$y=f(x)$在点x_0处连续必须满足的3个条件，缺少任何一个条件，点x_0就会成为间断点.

(2)间断点的类型

通常把间断点分成两类：如果x_0是函数$f(x)$的间断点，但左极限$f(x_0^-)$及右极限$f(x_0^+)$都存在，那么x_0称为函数$f(x)$的**第一类间断点**. 不是第一类间断点的任何间断点，称为**第二类间断点**. 在第一类间断点中，左、右极限相等者称为**可去间断点**，不相等者称为**跳跃间断点**. 如果$\lim\limits_{x\to x_0}f(x)=\infty$，则称$x_0$为**无穷间断点**；如果在$x\to x_0$的过程中，函数值有无限多次变动，则称$x_0$为**振荡间断点**. 无穷间断点和振荡间断点显然是第二类间断点. 下面举例具体说明间断点的类型.

例1.57　考察函数$y=\dfrac{x^2-4}{x-2}$在$x=2$处的连续性.

解　函数$y=\dfrac{x^2-4}{x-2}$在$x=2$处没有定义，因此点$x=2$是函数的间断点.

因为$\lim\limits_{x\to 2}\dfrac{x^2-4}{x-2}=\lim\limits_{x\to 2}(x+2)=4$，如果补充定义：令$x=2$时$y=4$，则所给函数在$x=2$处连续. 称$x=2$称为该函数的可去间断点.

例1.58　设函数$f(x)=\begin{cases}-x & x\leqslant 0\\ 1+x & x>0\end{cases}$，考察其连续性.

解　因为

$$\lim_{x\to 0^+}f(x)=\lim_{x\to 0^+}(1+x)=1\neq f(0)$$
$$\lim_{x\to 0^-}f(x)=\lim_{x\to 0^-}(-x)=0=f(0)$$

于是得

$$\lim_{x\to 0^+} f(x) \neq \lim_{x\to 0^+} f(x)$$

所以极限$\lim\limits_{x\to 0} f(x)$不存在，$x=0$ 是函数 $f(x)$ 的间断点，因函数 $f(x)$ 的图形在 $x=0$ 处产生跳跃现象，故称 $x=0$ 为函数 $f(x)$ 的跳跃间断点，如图 1.32 所示.

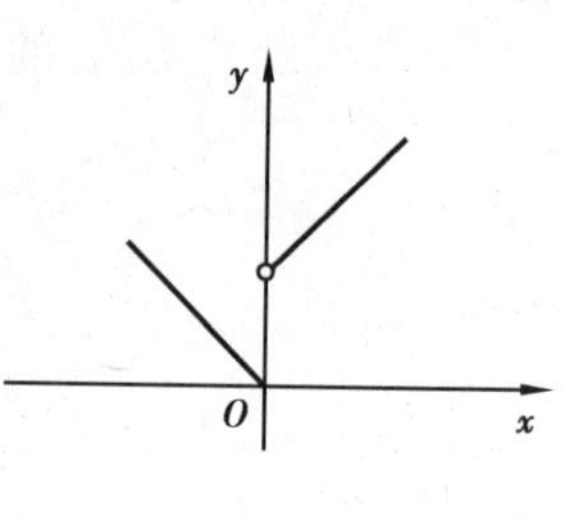

图 1.32

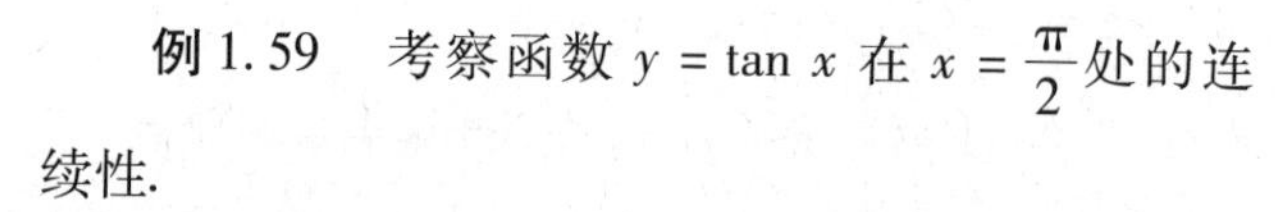

例 1.59 考察函数 $y=\tan x$ 在 $x=\frac{\pi}{2}$ 处的连续性.

解 函数 $y=\tan x$ 在 $x=\frac{\pi}{2}$ 处没有定义，因此点 $x=\frac{\pi}{2}$ 是函数 $\tan x$ 的间断点.

因为$\lim\limits_{x\to\frac{\pi}{2}} \tan x=\infty$，所以 $x=\frac{\pi}{2}$ 为函数 $\tan x$ 的无穷间断点.

例 1.60 考察函数 $y=\sin\frac{1}{x}$ 在 $x=0$ 处的连续性.

解 函数 $y=\sin\frac{1}{x}$ 在点 $x=0$ 处没有定义，因此点 $x=0$ 是函数 $\sin\frac{1}{x}$ 的间断点.

因为当 $x\to 0$ 时，函数值在 -1 与 $+1$ 之间变动无限多次，所以点 $x=0$ 称为函数 $\sin\frac{1}{x}$ 的振荡间断点. 其图形如图 1.33 所示.

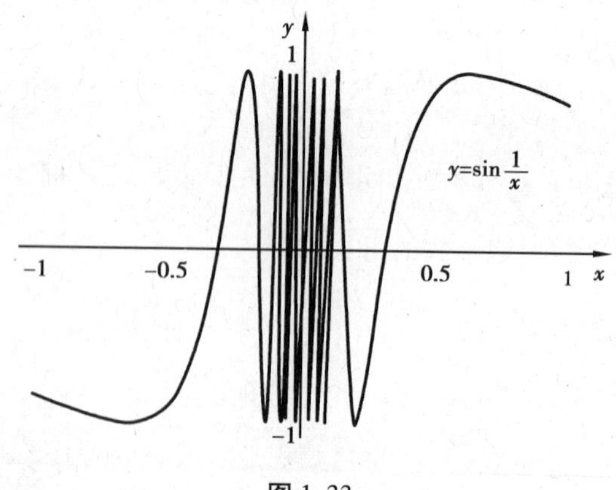

图 1.33

1.7.4 连续函数的四则运算的连续性

定理 1.17 设函数$f(x)$和$g(x)$在点x_0连续,则函数

$$f(x) \pm g(x), f(x) \cdot g(x), \frac{f(x)}{g(x)}(\text{当 } g(x_0) \neq 0 \text{ 时})$$

在点x_0也连续.

证明 只证明$f(x) \pm g(x)$连续性,其他类似证明.

因为$f(x)$和$g(x)$在点x_0连续,所以它们在点x_0有定义,从而$f(x) \pm g(x)$在点x_0也有定义,再由连续性和极限运算法则,有

$$\lim_{x \to x_0}[f(x) \pm g(x)] = \lim_{x \to x_0} f(x) \pm \lim_{x \to x_0} g(x) = f(x_0) \pm g(x_0)$$

根据连续性的定义,$f(x) \pm g(x)$在点x_0连续.

例如,$\sin x$和$\cos x$都在区间$(-\infty, +\infty)$内连续,故由该定理可知,$\tan x$和$\cot x$在它们的定义域内是连续的.

根据该定理,还可以得出以下结论:

①多项式函数$y = a_0 + a_1x + a_2x^2 + \cdots + a_nx^n$在$(-\infty, \infty)$内都是连续的.

②分式函数$y = \dfrac{a_0 + a_1x + a_2x^2 + \cdots + a_nx^n}{b_0 + b_1x + b_2x^2 + \cdots + b_mx^m}$除分母为0的点以外都是连续的.

1.7.5 复合函数的连续性

定理 1.18 设函数$y = f[g(x)]$由函数$y = f(u)$与函数$u = g(x)$复合而成,$\mathring{U}(x_0) \subset D_{f \circ g}$. 若$\lim\limits_{x \to x_0} g(x) = u_0$,而函数$y = f(u)$在$u_0$连续,则

$$\lim_{x \to x_0} f[g(x)] = \lim_{u \to u_0} f(u) = f(u_0) \tag{1.61}$$

证明从略.

定理的结论也可写为$\lim\limits_{x \to x_0} f[g(x)] = f[\lim\limits_{x \to x_0} g(x)]$,求复合函数$f[g(x)]$的极限时,函数符号$f$与极限号可以交换次序.

$\lim\limits_{x \to x_0} f[g(x)] = \lim\limits_{u \to u_0} f(u)$表明,在定理的条件下,如果作代换$u = g(x)$,那么求$\lim\limits_{x \to x_0} f[g(x)]$就转化为求$\lim\limits_{u \to u_0} f(u)$,这里$u_0 = \lim\limits_{x \to x_0} g(x)$.

例 1.61 求$\lim\limits_{x\to 2}\sqrt{\sin\left(\dfrac{\pi}{4}x\right)}$.

分析 $\sqrt{\sin\left(\dfrac{\pi}{4}x\right)}$是由 $y=\sqrt{u}$与 $u=\sin\left(\dfrac{\pi}{4}x\right)$复合而成的,$\lim\limits_{x\to 2}\sin\left(\dfrac{\pi}{4}x\right)=1$,函数 $y=\sqrt{u}$在点 $u=1$ 连续.

解
$$\lim_{x\to 2}\sqrt{\sin\left(\frac{\pi}{4}x\right)}=\sqrt{\lim_{x\to 2}\sin\left(\frac{\pi}{4}x\right)}=1$$

注 1.44 该定理表明,在满足定理的条件下,函数符号 f 与极限符号“lim”可以交换位置.

接下来给出复合函数的连续性定理.

定理 1.19 设函数 $y=f[g(x)]$由函数 $y=f(u)$与函数 $u=g(x)$复合而成,$\mathring{U}(x_0)\subset D_{f\circ g}$. 若函数 $u=g(x)$在点 x_0 连续,函数 $y=f(u)$在点 $u_0=g(x_0)$连续,则复合函数 $y=f[g(x)]$在点 x_0 也连续.

证明 因为 $g(x)$在点 x_0 连续,所以$\lim\limits_{x\to x_0}g(x)=g(x_0)=u_0$.

又因为 $y=f(u)$在点 $u=u_0$ 连续,所以$\lim\limits_{x\to x_0}f[g(x)]=f(u_0)=f[g(x_0)]$.

这就证明了复合函数 $f[g(x)]$在点 x_0 连续.

例 1.62 讨论函数 $y=\sin\dfrac{1}{x}$的连续性.

解 函数 $y=\sin\dfrac{1}{x}$是由 $y=\sin u$ 及 $u=\dfrac{1}{x}$复合而成的.

$\sin u$ 当 $-\infty<u<+\infty$时是连续的,$\dfrac{1}{x}$当 $-\infty<x<0$ 和 $0<x<+\infty$时是连续的,因此,函数 $\sin\dfrac{1}{x}$在无限区间$(-\infty,0)$和$(0,+\infty)$内是连续的.

1.7.6 反函数的连续性

定理 1.20 如果函数 $f(x)$在区间 I_x上单调增加(或单调减少)且连续,那么它的反函数 $x=f^{-1}(y)$也在对应的区间 $I_y=\{y\mid y=f(x),x\in I_x\}$上单调增加(或单调减少)且连续.

证明从略.

例如,由于 $y=\sin x$ 在区间$\left[-\frac{\pi}{2},\frac{\pi}{2}\right]$上单调增加且连续,因此它的反函数 $y=\arcsin x$ 在区间$[-1,1]$上也是单调增加且连续的.

同样,$y=\arccos x$ 在区间$[-1,1]$上也是单调减少且连续;$y=\arctan x$ 在区间$(-\infty,+\infty)$内单调增加且连续;$y=\operatorname{arccot} x$ 在区间$(-\infty,+\infty)$内单调减少且连续.

总之,反三角函数 $\arcsin x$,$\arccos x$,$\arctan x$,$\operatorname{arccot} x$ 在它们的定义域内都是连续的.

1.7.7　初等函数的连续性

在基本初等函数中,讲过三角函数及反三角函数在它们的定义域内是连续的.

事实上(不详细讨论),指数函数 $a^x(a>0,a\neq1)$对于一切实数 x 都有定义,且在区间$(-\infty,+\infty)$内是单调的和连续的,它的值域为$(0,+\infty)$.

根据反函数的连续性定理,对数函数 $\log_a x\ (a>0,a\neq1)$作为指数函数 a^x 的反函数在区间$(0,+\infty)$内单调且连续.

幂函数 $y=x^\mu$ 的定义域随 μ 的值而异,但无论 μ 为何值,在区间$(0,+\infty)$内幂函数总是有定义的. 可以证明,在区间$(0,+\infty)$内幂函数是连续的. 设 $x>0$,则 $y=x^\mu=a^{\mu\log_a x}$,因此,幂函数 x^μ 可看作是由 $y=a^u$,$u=\mu\log_a x$ 复合而成的,由此,根据复合函数连续性定理,它在$(0,+\infty)$内是连续的. 如果对于 μ 取各种不同值加以分别讨论,可以证明幂函数在它的定义域内是连续的.

综合起来,得出结论:**基本初等函数在它们的定义域内都是连续的**.

最后,根据初等函数的定义,由基本初等函数的连续性以及本节有关定理,可得一个重要结论:**一切初等函数在其定义区间内都是连续的**. 所谓定义区间,就是包含在定义域内的区间.

因此,上述关于初等函数连续性的讨论提供了求极限的一个方法:如果 $f(x)$ 是初等函数,且 x_0 是 $f(x)$ 的定义区间内的点,则 $\lim\limits_{x\to x_0}f(x)=f(x_0)$. 即初等函数在定义区间内的点的极限就等于函数在该点的函数值.

例1.63　求 $\lim\limits_{x\to0}\sqrt{1-x^2}$.

解　初等函数 $f(x)=\sqrt{1-x^2}$ 在点 $x_0=0$ 处是有定义的,因此

$$\lim_{x\to0}\sqrt{1-x^2}=\sqrt{1}=1$$

例 1.64 求$\lim\limits_{x\to\frac{\pi}{2}} \ln\sin x$.

解 初等函数$f(x)=\ln\sin x$在点$x_0=\frac{\pi}{2}$处是有定义的,因此

$$\lim_{x\to\frac{\pi}{2}} \ln\sin x=\ln\sin\frac{\pi}{2}=0$$

例 1.65 求$\lim\limits_{x\to0}\frac{\ln(1+x)}{x}$.

解

$$\begin{aligned}\text{原式}&=\lim_{x\to0}\ln(1+x)^{\frac{1}{x}}\\&=\ln\left[\lim_{x\to0}(1+x)^{\frac{1}{x}}\right]\\&=\ln e=1\end{aligned}$$

例 1.66 求$\lim\limits_{x\to0}\frac{\sqrt{1+x^2}-1}{x}$.

解

$$\begin{aligned}\lim_{x\to0}\frac{\sqrt{1+x^2}-1}{x}&=\lim_{x\to0}\frac{(\sqrt{1+x^2}-1)(\sqrt{1+x^2}+1)}{x(\sqrt{1+x^2}+1)}\\&=\lim_{x\to0}\frac{x}{\sqrt{1+x^2}+1}=\frac{0}{2}=0\end{aligned}$$

例 1.67 求$\lim\limits_{x\to0}\frac{e^x-1}{x}$.

解 令$e^x-1=t$,则$x=\ln(1+t)$,$x\to0$时$t\to0$,于是得

$$\lim_{x\to0}\frac{e^x-1}{x}=\lim_{t\to0}\frac{t}{\ln(1+t)}=1$$

习题 1.7

1. 选择题:

(1)设$f(x)$在R上有定义,函数$f(x)$在点x_0处左、右极限都存在且相等是函数$f(x)$在点x_0连续的(　　).

A. 充分条件　　B. 充分且必要条件

C. 必要条件　　D. 非充分也非必要条件

(2)若函数$f(x)=\begin{cases}x^2+a & x\geqslant1\\ \cos\pi x & x<1\end{cases}$在$R$上连续,则$a$的值为(　　).

A. 0　　B. 1　　C. -1　　D. -2

(3)在函数 $f(x)$ 的可去间断点 x_0 处,下面结论正确的是(　　).

A. 函数 $f(x)$ 在 x_0 处左、右极限至少有一个不存在

B. 函数 $f(x)$ 在 x_0 处左、右极限存在,但不相等

C. 函数 $f(x)$ 在 x_0 处左、右极限存在且相等

D. 函数 $f(x)$ 在 x_0 处左、右极限都不存在

(4)设函数 $f(x)=\begin{cases} x^{\frac{1}{3}}\sin x & x\neq 0 \\ 0 & x=0 \end{cases}$,则点 0 是函数 $f(x)$ 的(　　).

A. 第一类不连续点　　B. 第二类不连续点

C. 可去不连续点　　D. 连续点

(5)点 $x=1$ 是函数 $f(x)=\begin{cases} 3x-1 & x<1 \\ 1 & x=1 \\ 3-x & x>1 \end{cases}$ 的(　　).

A. 连续点　　B. 第一类非可去间断点

C. 可去间断点　　D. 第二类间断点

2. 填空题:

(1)函数 $f(x)=e^{\frac{1}{x}}$ 的不连续点是________,是第________类不连续点.

(2)已知 $f(x)=(1-x)^{\frac{1}{x}}$,为使 $f(x)$ 在 $x=0$ 连续,则应补充定义 $f(0)=$ ________.

(3)函数 $f(x)=\begin{cases} x & x<1 \\ x-1 & 1\leqslant x<2 \\ 3-x & x\geqslant 2 \end{cases}$ 的不连续点为________.

(4)$\lim\limits_{x\to 0}\sqrt{x^2+3x+4}=$ ________.

(5)$\lim\limits_{x\to \frac{\pi}{6}}\ln(2\cos 2x)=$ ________.

3. 讨论下列函数的连续性,若有间断点,请指明其类型.

(1)$f(x)=\dfrac{x}{x}$

(2)$f(x)=\begin{cases} x^2 & 0\leqslant x\leqslant 1 \\ 2-x & 1<x\leqslant 2 \end{cases}$

(3)$f(x)=\begin{cases} x^2 & |x|\leqslant 1 \\ x & |x|>1 \end{cases}$

(4)$\varphi(x)=\begin{cases} |x| & x\neq 0 \\ 1 & x=0 \end{cases}$

(5) $y=\cos^2\dfrac{1}{x}$

4. a 为何值时函数 $f(x)=\begin{cases} e^x & 0\leqslant x\leqslant 1 \\ a+x & 1<x\leqslant 2 \end{cases}$ 在 $[0,2]$ 上连续?

5. 设 $f(x)=\begin{cases} x & 0<x<1 \\ \dfrac{1}{2} & x=1 \\ 1 & 1<x<2 \end{cases}$,问:

(1) $\lim\limits_{x\to 1}f(x)$ 存在吗?

(2) $f(x)$ 在 $x=1$ 处连续吗?若不连续,说明是哪类间断点?若可去,则补充定义,使其在该点连续.

1.8 闭区间上连续函数的性质

闭区间上的连续函数指函数在开区间连续,在左端点右连续,右端点左连续.下面介绍对于闭区间上的连续函数的几条重要的性质.

1.8.1 最大值、最小值定理

最大值与最小值的定义:对于在区间 I 上有定义的函数 $f(x)$,如果有 $x_0\in I$,使得对于任意的 $x\in I$ 都有

$$f(x)\leqslant f(x_0)\quad (f(x)\geqslant f(x_0)) \tag{1.62}$$

则称 $f(x_0)$ 是函数 $f(x)$ 在区间 I 上的**最大值(最小值)**.

例如,函数 $f(x)=1+\sin x$ 在区间 $[0,2\pi]$ 上有最大值 2 和最小值 0. 又如,函数 $f(x)=\operatorname{sgn} x$ 在区间 $(-\infty,+\infty)$ 内有最大值 1 和最小值 -1. 但函数 $f(x)=x$ 在开区间 (a,b) 内既无最大值又无最小值.

定理 1.21(最大值和最小值定理) 在闭区间上连续的函数在该区间上一定能取得它的最大值和最小值.

证明从略.

定理 1.21 说明:如果函数 $f(x)$ 在闭区间 $[a,b]$ 上连续,那么至少有一点 $x_1\in[a,b]$,使 $f(x_1)$ 是 $f(x)$ 在 $[a,b]$ 上的最大值,又至少有一点 $x_2\in[a,b]$,使 $f(x_2)$ 是

$f(x)$在$[a,b]$上的最小值.

注1.45 如果函数在开区间内连续,或函数在闭区间上有间断点,那么函数在该区间上就不一定有最大值或最小值.例如,函数$y=\ln x$在开区间$(0,1)$无最大值也无最小值.

1.8.2 有界性定理

定理1.22(有界性定理) 在闭区间上连续的函数一定在该区间上有界.

证明 设函数$f(x)$在$[a,b]$上连续,根据最大值和最小值定理,设函数$f(x)$在$[a,b]$上存在最大值(设为M)和最小值(设为m),则对任意的$x\in[a,b]$,$m\leqslant f(x)\leqslant M$.取$K=\max\{|m|,|M|\}$,则$|f(x)|\leqslant K$.因此,函数$f(x)$在$[a,b]$上有界.

例1.68 函数$y=\ln x$在闭区间$[1,2]$内是连续的,因此有界.

1.8.3 零点定理与介质定理

如果有x_0,使得$f(x_0)=0$,则x_0称为函数$f(x)$的**零点**.

定理1.23(零点定理) 设函数$f(x)$在闭区间$[a,b]$上连续,且$f(a)$与$f(b)$异号,那么在开区间(a,b)内至少有一点ξ使$f(\xi)=0$.

证明从略.

定理1.24(介值定理) 设函数$f(x)$在闭区间$[a,b]$上连续,且$f(a)\neq f(b)$,那么,对于$f(a)$与$f(b)$之间的任意一个数C,在开区间(a,b)内至少有一点ξ,使得

$$f(\xi)=C$$

证明 设$\varphi(x)=f(x)-C$,则$\varphi(x)$在闭区间$[a,b]$上连续,且$\varphi(a)=f(a)-C$与$\varphi(b)=f(b)-C$异号.根据零点定理,在开区间(a,b)内至少有一点ξ,使得

$$\varphi(\xi)=0(a<\xi<b)$$

但$\varphi(\xi)=f(\xi)-C$,因此由上式即得

$$f(\xi)=C\ (a<\xi<b)$$

介质定理的几何意义:连续曲线弧$y=f(x)$与水平直线$y=C$(C介于$f(a)$与$f(b)$之间)至少交于一点.

推论1.7　在闭区间上连续的函数必取得介于最大值 M 与最小值 m 之间的任何值.

例1.69　证明方程 $x^3-3x^2+x+1=0$ 在区间(0,2)内至少有一个根.

证明　函数 $f(x)=x^3-3x^2+x+1$ 在闭区间[0,2]上连续,又 $f(0)=1>0$, $f(2)=-1<0$.

根据零点定理,在(0,2)内至少有一点 ξ,使得 $f(\xi)=0$,即

$$\xi^3-3\xi^2+\xi+1=0(0<\xi<2)$$

该等式说明方程 $x^3-3x^2+x+1=0$ 在区间(0,2)内至少有一个根 ξ.

习题 1.8

1. 证明方程 $x^5-3x=1$ 在区间(1,2)上至少有一个根.

2. 验证方程 $x\cdot 2^x=1$ 至少有一个小于1的根.

3. 设 $f(x)$ 在闭区间[a,b]上连续,$x_1,x_2,\cdots,x_n$ 是[a,b]内的 n 个点,证明:$\exists\xi\in[a,b]$,使得 $f(\xi)=\dfrac{f(x_1)+f(x_2)+\cdots+f(x_n)}{n}$.

总习题 1

1. 单项选择题

(1)设 $A=\{x\mid -1\leqslant x\leqslant 1\}$,$B=\{x\mid x>0\}$,则 $A\cap B=($　　$)$.

A. $\{x\mid x\leqslant 1\}$　　B. $\{x\mid x\geqslant 1\}$　　C. $\{x\mid 0<x\leqslant 1\}$　　D. $\{x\mid x<-1\}$

(2)函数 $y=\arccos(\sin x)\left(-\dfrac{\pi}{a}<x<\dfrac{2\pi}{a}\right)$的值域是(　　).

A. $\left(\dfrac{\pi}{6},\dfrac{5\pi}{6}\right)$　　B. $\left[0,\dfrac{5\pi}{6}\right)$　　C. $\left(\dfrac{\pi}{3},\dfrac{2\pi}{3}\right)$　　D. $\left[\dfrac{\pi}{6},\dfrac{2\pi}{3}\right)$

(3)在指定的区间上,单调增的函数是(　　).

A. $y=\left(\dfrac{1}{2}\right)^x,x\in(-\infty,+\infty)$　　B. $y=\sin x,x\in(-\pi,\pi)$

C. $y=\ln(1+x),x\in(-1,1)$　　D. $y=x^2,x\in(-1,1)$

(4)设函数 $f(x)=\begin{cases}x^2-4x+6 & x\geqslant 0\\ x+6 & x<0\end{cases}$,则不等式 $f(x)>f(1)$ 的解集是(　　).

A. $(-3,1)\cup(3,+\infty)$　　B. $(-3,1)\cup(2,+\infty)$

C. $(-1,1)\cup(3,+\infty)$　　D. $(-\infty,-3)\cup(1,3)$

(5) $\lim\limits_{x\to0}\dfrac{x^2\sin\dfrac{1}{x}}{\sin x}$的值为(　　).

A. 1　　B. ∞　　C. 不存在　　D. 0

(6) $\lim\limits_{x\to0}x^2\cos\dfrac{1}{x}$(　　).

A. 1　　B. 0　　C. -1　　D. 不存在

(7) $\lim\limits_{x\to\frac{1}{2}}\ln\cos\left(x-\dfrac{1}{2}\right)$的值为(　　).

A. $\dfrac{1}{3}$　　B. $-\dfrac{1}{3}$　　C. 0　　D. $\dfrac{2}{3}$

2. 填空题

(1) $\lim\limits_{x\to4}\dfrac{\sqrt{2x+1}-3}{\sqrt{x-2}-\sqrt{2}}=$__________.

(2) $\lim\limits_{x\to0^-}\dfrac{x}{x^2+|x|}=$__________.

(3) $\lim\limits_{x\to1}x^{\frac{1}{1-x}}=$__________.

(4) $\lim\limits_{\pi\to+\infty}\left(\dfrac{n}{n+1}\right)^{2\pi}=$__________.

3. 求 $y=\dfrac{x-1}{\ln(x-1)}+\sqrt{3x-4}$的定义域.

4. 若函数 $f(x+2)=\sin 2x$,求 $f(x)$,$f\left(\dfrac{1}{x}\right)$,$f(0)$.

5. 求极限 $\lim\limits_{x\to\infty}\left(\dfrac{x+1}{x+2}\right)^x$.

6. 设 $f(x)=\begin{cases}(x+a)^2 & 1<x\leqslant0\\ \dfrac{\tan ax}{\sin x} & 0<x\leqslant1\end{cases}$,选择 a 使 $f(x)$ 在 $x=0$ 处连续.

第2章　导数与微分

运动的永恒性就是求极限的运算. 在极限中,抽象出了两个非常重要的概念——微分和积分. 因此,微分学是高等数学重要的内容之一. 本章从实际问题引入导数和微分的概念,建立一套几乎完整的导数和微分的计算方法.

2.1　导　数

2.1.1　引出导数的两个例子

(1)瞬时速度问题

某质点沿直线作变速运动,设 s 表示该质点从某时刻开始到时刻 t 所经过的路程,则路程 s 是关于时刻 t 的函数 $s=s(t)$,求其在 t_0 时刻的瞬时速度.

当时间由 t_0 改变到 $t_0+\Delta t$ 时,质点在 Δt 内所经过的路程为 $\Delta s=s(t_0+\Delta t)-s(t_0)$.

考虑比值,即

$$\frac{s(t_0+\Delta t)-s(t_0)}{\Delta t} \tag{2.1}$$

这个比值可认为是该质点在时间间隔 Δt 内的**平均速度**. 平均速度为常量,当质点作匀速运动时,在 t_0 到 $t_0+\Delta t$ 内任意时刻的速度都等于平均速度.

但是当质点作变速运动时,它的速度随时间变化而变化. 如果时间间隔较短,式(2.1)的比值在实践中也可用来作为质点在时刻 t_0 的速度. 但到底间隔多短比较合适,往往可用极限作精确的表达.

令 $\Delta t\to 0$,取比值$\dfrac{s(t_0+\Delta t)-s(t_0)}{\Delta t}$的极限,如果这个极限存在,设为 v,即

$$v=\lim_{\Delta t\to 0}\frac{s(t_0+\Delta t)-s(t_0)}{\Delta t} \tag{2.2}$$

此时,就把这个极限值 v 称为动点在时刻 t_0 的**瞬时速度**.

(2) **切线的斜率问题**

求曲线 $C:y=f(x)$ 上的一点 $M(x_0, y_0)$ 处切线的斜率.

先讲切线的概念. 如图 2.1 所示,设有曲线 C 及 C 上的一点 $M(x_0, y_0)$,在点 M 外另取 C 上一点 N,作割线 MN. 当点 N 沿曲线 C 趋于点 M 时,如果割线 MN 绕点 M 旋转而趋于极限位置 MT,直线 MT 就称为曲线 C 在点 M 处的**切线**.

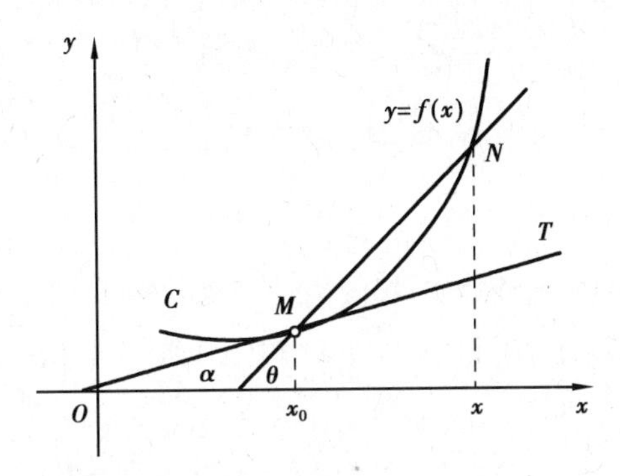

图 2.1

根据直线的"点斜式"计算方法:要确定曲线在点 $M(x_0, y_0)(y_0=f(x_0))$ 处的切线,只要求出切线的斜率即可. 为此,在点 M 外另取 C 上一点 $N(x,y)$,于是割线 MN 的斜率为

$$\tan\theta=\frac{y-y_0}{x-x_0}=\frac{f(x)-f(x_0)}{x-x_0} \tag{2.3}$$

其中,θ 为割线 MN 的倾斜角. 当点 N 沿曲线 C 趋于点 M 时,$x\to x_0$. 如果当 $x\to x_0$ 时,式(2.3)的极限存在,设为 k,即

$$k=\tan\alpha=\lim_{x\to x_0}\frac{f(x)-f(x_0)}{x-x_0} \tag{2.4}$$

存在,则此极限 k 是割线斜率的极限,也就是**切线的斜率**. 其中 α 为切线 MT 的倾角. 于是,通过点 $M(x_0,f(x_0))$ 且以 k 为斜率的直线 MT 便是曲线 C 在点 M 处的切线.

注 2.1 虽然上面两个例子的具体含义不同,但都体现了函数的增量与自变量的增量之间的比值的极限. 这就是未来导数的概念.

2.1.2 导数的定义

(1)函数在一点处的导数

从上面所讨论的两个问题看出,非匀速直线运动的速度和切线的斜率都归结为函数的增量与自变量的增量之间的比值的极限,即

$$\lim_{\Delta x \to 0} \frac{f(x_0 + \Delta x) - f(x_0)}{\Delta x} \text{或} \lim_{x \to x_0} \frac{f(x) - f(x_0)}{x - x_0} \tag{2.5}$$

如果记 Δy 为自变量有增量 Δx 时函数值的增量,则式(2.5)可简要表示为

$$\lim_{\Delta x \to 0} \frac{\Delta y}{\Delta x} \tag{2.6}$$

设函数 $y=f(x)$ 在点 x_0 的某个邻域内有定义,当自变量 x 在 x_0 处取得增量 Δx ($\Delta x \neq 0$,且点 $x_0 + \Delta x$ 仍在该邻域内)时,函数 $y=f(x)$ 取得相应的增量 $\Delta y = f(x_0 + \Delta x) - f(x_0)$. 如果

$$\lim_{\Delta x \to 0} \frac{\Delta y}{\Delta x} = \lim_{\Delta x \to 0} \frac{f(x_0 + \Delta x) - f(x_0)}{\Delta x} \tag{2.7}$$

存在,则称函数 $y=f(x)$ 在点 x_0 处**可导**,并称这个极限为**函数 $y=f(x)$ 在点 x_0 处的导数**(或者称为**一阶导数**,或者称为**微商**),记为 $f'(x_0)$,即

$$f'(x_0) = \lim_{\Delta x \to 0} \frac{\Delta y}{\Delta x} = \lim_{\Delta x \to 0} \frac{f(x_0 + \Delta x) - f(x_0)}{\Delta x} \tag{2.8}$$

也可记为 $y'|_{x=x_0}$, $\left.\frac{\mathrm{d}y}{\mathrm{d}x}\right|_{x=x_0}$ 或 $\left.\frac{\mathrm{d}f(x)}{\mathrm{d}x}\right|_{x=x_0}$.

函数 $f(x)$ 在点 x_0 处可导有时也说成 $f(x)$ 在点 x_0 具有导数或导数存在. 如果上述极限不存在,则称函数 $f(x)$ 在点 x_0 处**不可导**.

如果记 $h = \Delta x$,则导数的定义式也表示为

$$f'(x_0) = \lim_{h \to 0} \frac{f(x_0 + h) - f(x_0)}{h} \tag{2.9}$$

如果记 $x = x_0 + \Delta x$,因为 $\Delta x \to 0$ 时,$x \to x_0$. 则导数的定义式也可表示为

$$f'(x_0) = \lim_{x \to x_0} \frac{f(x) - f(x_0)}{x - x_0} \tag{2.10}$$

注2.2 在实际中,某点的导数反映了因变量随自变量变化的快慢程度,在数学上就是所谓函数的变化率问题.

注2.3 根据该定义式,对于给定的函数和某点,其导数是一个固定的数值.

注2.4 如果不可导的原因是由于$\lim\limits_{\Delta x \to 0} \dfrac{f(x_0+\Delta x)-f(x_0)}{\Delta x}=\infty$,也往往说函数$y=f(x)$在点$x_0$处的导数为无穷大.

(2)导函数

如果函数$y=f(x)$在某开区间(a,b)内的每一点处都可导,就称函数$f(x)$在开区间(a,b)内可导.对于任一$x\in(a,b)$,都对应着$f(x)$的一个确定的导数值.这样就构成了一个新的函数,这个函数称为原函数$y=f(x)$的**导函数**(简称**导数**),记为y',$f'(x)$,$\dfrac{dy}{dx}$,或$\dfrac{df(x)}{dx}$,即

$$f'(x)=\lim_{h\to 0}\frac{f(x+h)-f(x)}{h} \tag{2.11}$$

注2.5 该定义表明,随着点在开区间(a,b)内的变化,函数$y=f(x)$在此开区间(a,b)内的导数构成了一个函数.

注2.6 函数$f(x)$在点x_0处的导数$f'(x_0)$就是导函数$f'(x)$在点$x=x_0$处的函数值,即

$$f'(x_0)=f'(x)\big|_{x=x_0}$$

由导数的定义,可将求导数的方法概括为以下3个步骤:

①求出对应于自变量x有增量h时函数值的增量Δy,即

$$\Delta y=f(x+h)-f(x)$$

②求比值,即

$$\frac{\Delta y}{h}=\frac{f(x+h)-f(x)}{h}$$

③求$h\to 0$时$\dfrac{\Delta y}{h}$的极限,即

$$\lim_{h\to 0}\frac{\Delta y}{h}=\lim_{h\to 0}\frac{f(x+h)-f(x)}{h}$$

下面举例说明.

例 2.1 求函数 $f(x)=C$（C 为常数）的导数.

解 $$f'(x)=\lim_{h\to 0}\frac{f(x+h)-f(x)}{h}=\lim_{h\to 0}\frac{C-C}{h}=0$$

即 $$(C)'=0$$

例 2.2 求 $f(x)=\dfrac{1}{x}$ 的导数.

解 $$f'(x)=\lim_{h\to 0}\frac{f(x+h)-f(x)}{h}=\lim_{h\to 0}\frac{\dfrac{1}{x+h}-\dfrac{1}{x}}{h}$$

$$=\lim_{h\to 0}\frac{-h}{h(x+h)x}=-\lim_{h\to 0}\frac{1}{(x+h)x}=-\frac{1}{x^2}$$

例 2.3 求 $f(x)=\sqrt{x}$ 的导数.

解 $$f'(x)=\lim_{h\to 0}\frac{f(x+h)-f(x)}{h}=\lim_{h\to 0}\frac{\sqrt{x+h}-\sqrt{x}}{h}$$

$$=\lim_{h\to 0}\frac{h}{h(\sqrt{x+h}+\sqrt{x})}=\lim_{h\to 0}\frac{1}{\sqrt{x+h}+\sqrt{x}}=\frac{1}{2\sqrt{x}}.$$

例 2.4 求函数 $f(x)=x^n$（n 为正整数）在 $x=a$ 处的导数.

解 $$f'(a)=\lim_{x\to a}\frac{f(x)-f(a)}{x-a}=\lim_{x\to a}\frac{x^n-a^n}{x-a}$$

$$=\lim_{x\to a}(x^{n-1}+ax^{n-2}+\cdots+a^{n-1})$$

$$=na^{n-1}$$

把以上结果中的 a 换成 x 得 $f'(x)=nx^{n-1}$，即 $(x^n)'=nx^{n-1}$. 一般有 $(x^\mu)'=\mu x^{\mu-1}$，其中，μ 为常数（幂函数的求导公式）.

例 2.5 求函数 $f(x)=\sin x$ 的导数.

解 $$f'(x)=\lim_{h\to 0}\frac{f(x+h)-f(x)}{h}=\lim_{h\to 0}\frac{\sin(x+h)-\sin x}{h}$$

$$=\lim_{h\to 0}\frac{1}{h}\cdot 2\cos\left(x+\frac{h}{2}\right)\sin\frac{h}{2}$$

$$=\lim_{h\to 0}\cos\left(x+\frac{h}{2}\right)\cdot\frac{\sin\dfrac{h}{2}}{\dfrac{h}{2}}$$

$$=\cos x$$

即 $$(\sin x)'=\cos x$$

用类似的方法,可求得$(\cos x)'=-\sin x$.

例 2.6 求函数$f(x)=a^x(a>0,a\neq 1)$的导数.

解 $$f'(x)=\lim_{h\to 0}\frac{f(x+h)-f(x)}{h}=\lim_{h\to 0}\frac{a^{x+h}-a^x}{h}$$

$$=a^x\lim_{h\to 0}\frac{a^h-1}{h}=a^x\lim_{h\to 0}\frac{e^{h\ln a}-1}{h}$$

$$=a^x\lim_{h\to 0}\frac{h\ln a}{h}$$

$$=a^x\ln a$$

特别地,有$(e^x)'=e^x$.

2.1.3 导数的几何意义

根据导数的定义,函数$y=f(x)$在点x_0处可导,表明曲线$y=f(x)$在点$(x_0,f(x_0))$处有不垂直于x轴的切线,且导数$f'(x_0)$就是曲线$y=f(x)$在点$(x_0,f(x_0))$处切线的斜率,即$f'(x_0)=\tan\alpha$,其中α为切线的倾斜角.这就是导数的几何意义.

由导数的几何意义和直线的点斜式方程可知,曲线$y=f(x)$在点$(x_0,f(x_0))$处的切线方程为

$$y=f(x_0)+f'(x_0)(x-x_0) \tag{2.12}$$

过切点$(x_0,f(x_0))$且与切线垂直的直线称为曲线$y=f(x)$在点$(x_0,f(x_0)$处的**法线**.

根据互相垂直的两条直线的斜率互为负倒数,曲线$y=f(x)$在点$(x_0,f(x_0))$处的法线方程为

$$y=f(x_0)-\frac{1}{f'(x_0)}(x-x_0) \qquad (f'(x_0)\neq 0) \tag{2.13}$$

例 2.7 求曲线$y=x^3$在点$(-1,-1)$处的切线方程和法线方程.

解 由$y'=3x^2$,根据导数的几何意义,所求切线的斜率为$k=3$.从而得到切线方程为

$$y=-1+3(x+1)$$

即

$$3x-y+2=0$$

根据切线斜率与法线斜率之间的关系可得，法线斜率为 $-\frac{1}{3}$，从而得到法线方程为

$$y=-1+\left(-\frac{1}{3}(x+1)\right)$$

即

$$x+3y+4=0.$$

2.1.4 左导数与右导数

类似于左右极限，有时需要考虑函数在 x_0 的左侧或右侧的可导性.

设函数 $y=f(x)$ 在点 x_0 的左邻域（或右邻域）内有定义，如果

$$\lim_{\Delta x\to 0^-}\frac{\Delta y}{\Delta x}=\lim_{\Delta x\to 0^-}\frac{f(x_0+\Delta x)-f(x_0)}{\Delta x}$$

$$\left(\text{或}\lim_{\Delta x\to 0^+}\frac{\Delta y}{\Delta x}=\lim_{\Delta x\to 0^+}\frac{f(x_0+\Delta x)-f(x_0)}{\Delta x}\right)\tag{2.14}$$

存在，则称函数 $y=f(x)$ 在点 x_0 处**左可导**（或**右可导**），并称这个极限为**函数 $y=f(x)$ 在点 x_0 处的左导数**（或**右导数**），记为 $f'_-(x_0)$（或 $f'_+(x_0)$），即

$$f'_-(x_0)=\lim_{\Delta x\to 0^-}\frac{f(x_0+\Delta x)-f(x_0)}{\Delta x}\tag{2.15}$$

$$f'_+(x_0)=\lim_{\Delta x\to 0^+}\frac{f(x_0+\Delta x)-f(x_0)}{\Delta x}\tag{2.16}$$

例 2.8 求函数 $f(x)=|x|$ 在 $x=0$ 处的左导数和右导数.

解

$$f'_-(0)=\lim_{\Delta x\to 0^-}\frac{f(0+\Delta x)-f(0)}{\Delta x}=\lim_{\Delta x\to 0^-}\frac{-\Delta x}{\Delta x}=-1$$

$$f'_+(0)=\lim_{\Delta x\to 0^+}\frac{f(0+\Delta x)-f(0)}{\Delta x}=\lim_{\Delta x\to 0^+}\frac{\Delta x}{\Delta x}=1$$

2.1.5 函数可导性的判定

由定义可知，如果函数 $y=f(x)$ 在点 x_0 的某个邻域内有定义，且极限

$$\lim_{\Delta x\to 0}\frac{f(x_0+\Delta x)-f(x_0)}{\Delta x}$$

存在,则函数 $y=f(x)$ 在点 x_0 处可导. 这里给出了函数可导性判别的第一个方法.

定义式中的导数

$$f'(x_0) = \lim_{\Delta x \to 0} \frac{f(x_0 + \Delta x) - f(x_0)}{\Delta x}$$

是一个极限,由第1章已有的结论:函数 $y=f(x)$ 在点 x_0 处极限存在的充分必要条件是函数 $y=f(x)$ 在点 x_0 处左右极限都存在而且相等. 因此,函数 $y=f(x)$ 在点 x_0 可导的充分必要条件是左导数和右导数都存在而且相等,即

$$f'(x_0) = A \Leftrightarrow f'_-(x_0) = f'_+(x_0) = A \tag{2.17}$$

注2.7 如果函数 $y=f(x)$ 在开区间 (a,b) 内可导,在左端点右可导,右端点左可导,则称函数 $y=f(x)$ 在闭区间 $[a,b]$ 内可导.

例2.9 判断函数 $f(x)=|x|$ 在 $x=0$ 的可导性.

解 根据例2.8的计算结果,函数 $f(x)=|x|$ 在 $x=0$ 处左导数和右导数均存在但不相等,于是得 $f(x)=|x|$ 在 $x=0$ 处是不可导的.

2.1.6 函数可导性与连续性之间的关系

设函数 $y=f(x)$ 在点 x_0 处可导,即 $\lim\limits_{\Delta x \to 0} \frac{\Delta y}{\Delta x} = f'(x_0)$ 存在. 则

$$\lim_{\Delta x \to 0} \Delta y = \lim_{\Delta x \to 0} \frac{\Delta y}{\Delta x} \cdot \Delta x = \lim_{\Delta x \to 0} \frac{\Delta y}{\Delta x} \cdot \lim_{\Delta x \to 0} \Delta x = f'(x_0) \cdot 0 = 0$$

这就是说,函数 $y=f(x)$ 在点 x_0 处是连续的. 因此,**如果函数 $y=f(x)$ 在点 x_0 处可导,则函数在该点必连续**.

另一方面,**一个函数在某点连续却不一定在该点处可导**.

注2.8 根据可导与连续的关系,如果已经判断出函数在某点不连续,则立即可以判断函数在该点不可导.

例2.10 判断函数 $f(x)=\begin{cases} x\sin\dfrac{1}{x} & (x \neq 0) \\ 0 & (x=0) \end{cases}$ 在 $x=0$ 处的连续性和可导性.

解 因为

$$\lim_{x \to 0^+} f(x) = \lim_{x \to 0^+} x \sin\frac{1}{x} = 0$$

$$\lim_{x \to 0^-} f(x) = \lim_{x \to 0^-} x \sin \frac{1}{x} = 0$$

于是，$f(x)$在 $x=0$ 处左右极限存在且等于 $x=0$ 处的函数值0，故$f(x)$在 $x=0$ 处是连续的.

根据导数的定义，有

$$f'(0) = \lim_{\Delta x \to 0} \frac{f(0+\Delta x) - f(0)}{\Delta x} = \lim_{\Delta x \to 0} \frac{\Delta x \sin \frac{1}{\Delta x}}{\Delta x} = \lim_{\Delta x \to 0} \sin \frac{1}{\Delta x}$$

于是导数不存在，即不可导.

习题 2.1

1. 选择题：

(1)设函数 $y=f(x)$，当自变量 x 由 x_0 改变到 $x_0+\Delta x$ 时，相应函数的改变量 $\Delta y=$（　　）.

A. $f(x_0+\Delta x)$　　B. $f(x_0)+\Delta x$

C. $f(x_0+\Delta x)-f(x_0)$　　D. $f(x_0)\Delta x$

(2)设$f(x)$在 x_0 处可导，则$\lim\limits_{\Delta x \to 0} \dfrac{f(x_0-\Delta x)-f(x_0)}{\Delta x}=$（　　）.

A. $-f'(x_0)$　　B. $f'(-x_0)$　　C. $f'(x_0)$　　D. $2f'(x_0)$

(3)函数$f(x)$在点 x_0 连续，是$f(x)$在点 x_0 可导的（　　）.

A. 必要不充分条件　　B. 充分不必要条件

C. 充分必要条件　　D. 既不充分也不必要条件

(4)若函数$f(x)$在点 a 连续，则$f(x)$在点 a（　　）.

A. 左导数存在　　B. 右导数存在　　C. 左右导数都存在　D. 有定义

(5)设函数$f(x)$在点0可导，且$f(0)=0$，则$\lim\limits_{x \to 0} \dfrac{f(x)}{x}=$（　　）.

A. $f'(x)$　　B. $f'(0)$　　C. 不存在　　D. ∞

2. 填空题：

(1)设$f(x)$在点 a 处可导，则$\lim\limits_{h \to 0} \dfrac{f(a)-f(a-h)}{h}=$________.

(2)函数 $y=|x+1|$ 导数不存在的点________.

(3) $y=x^2\sqrt{x}$的导数是________.

3. 用导数定义求下列函数的导数：

(1) $y=ax+b$ (a,b 是常数)；

(2) $f(x)=\cos x$.

4. 设函数 $f(x)=\begin{cases} x^2 & x\leqslant 1 \\ ax+b & x>1 \end{cases}$，为了使函数 $f(x)$ 在 $x=1$ 处连续可导，a,b 应取什么值？

5. 求曲线 $y=\sin x$ 在 $x=\pi$ 及 $x=\dfrac{2}{3}\pi$ 处的切线方程和法线方程.

6. 讨论函数 $y=|\sin x|$ 在 $x=0$ 处的连续性和可导性.

2.2 求导法则

在导数的定义中，不但给出了导数的定义，也给出了根据定义求导数的方法. 但一般来说，按定义求导数计算量比较大，甚至有时很困难. 为此，本节介绍一些求导法则，期待应用这些法则使得求导较为容易.

2.2.1 函数的和、差、积、商的求导法则

定理2.1 如果函数 $u=u(x)$ 及 $v=v(x)$ 在点 x 处可导，那么它们的和、差、积、商（当分母不为0时）在点 x 处也可导，并且

① $[u(x)\pm v(x)]'=u'(x)\pm v'(x)$.

② $[u(x)\cdot v(x)]'=u'(x)v(x)+u(x)v'(x)$.

③ $\left[\dfrac{u(x)}{v(x)}\right]'=\dfrac{u'(x)v(x)-u(x)v'(x)}{v^2(x)}$.

证明 只证②，其他类似证明.

$$[u(x)\cdot v(x)]'=\lim_{h\to 0}\frac{u(x+h)v(x+h)-u(x)v(x)}{h}$$

$$=\lim_{h\to 0}\frac{1}{h}[u(x+h)v(x+h)-u(x)v(x+h)+u(x)v(x+h)-u(x)v(x)]$$

$$=\lim_{h\to 0}\left[\frac{u(x+h)-u(x)}{h}v(x+h)+u(x)\frac{v(x+h)-v(x)}{h}\right]$$

$$=\lim_{h\to 0}\frac{u(x+h)-u(x)}{h}\cdot\lim_{h\to 0}v(x+h)+u(x)\cdot\lim_{h\to 0}\frac{v(x+h)-v(x)}{h}$$

$$=u'(x)v(x)+u(x)v'(x)$$

为了表述方便,以上法则①、②、③可分别简单表示为

$$(u\pm v)'=u'\pm v' \tag{2.18}$$

$$(uv)'=u'v+uv' \tag{2.19}$$

$$\left(\frac{u}{v}\right)'=\frac{u'v-uv'}{v^2} \tag{2.20}$$

定理2.1中的法则①、②可推广到任意有限个可导函数的情形. 有以下推论:

推论2.1 如果函数$f_i(x)$在点x处可导($i=1,2,\cdots,n$),则

$$\left[\sum_{i=1}^{n}f_i(x)\right]'=\sum_{i=1}^{n}f'_i(x) \tag{2.21}$$

推论2.2 如果函数$f(x)$在点x处可导,对于任意常数C,有

$$[Cf(x)]'=Cf'(x) \tag{2.22}$$

推论2.3 如果函数$f_i(x)$在点x处可导($i=1,2,\cdots,n$),则

$$\left[\prod_{i=1}^{n}f_i(x)\right]'=f'_1(x)f_2(x)\cdots f_n(x)+\cdots+f_1(x)f_2(x)\cdots f'_n(x)$$

$$=\sum_{i=1}^{n}\prod_{\substack{k=1\\k\neq i}}^{n}f'_i(x)f_k(x) \tag{2.23}$$

根据推论,设$u=u(x)$,$v=v(x)$,$w=w(x)$均可导,则有

$$(u+v-w)'=u'+v'-w' \tag{2.24}$$

$$(uvw)'=[(uv)w]'=(uv)'w+(uv)w'$$

$$=(u'v+uv')w+uvw'=u'vw+uv'w+uvw' \tag{2.25}$$

例2.11 设$y=2x^3+3x^2-4x+1$,求y'.

解 $y'=(2x^3+3x^2-4x+1)'=(2x^3)'+(3x^2)'-(4x)'+(1)'$

$=2(x^3)'+3(x^2)'-4(x)'$

$=2\cdot 3x^2+3\cdot 2x-4=6x^2+6x-4$

例2.12 设$y=x^3-2x^2+\sin x$,求y'.

解 $y'=(x^3)'-(2x^2)'+(\sin x)'=3x^2-4x+\cos x$

例2.13 设$y=\sin x\ln x$,求y'.

解 $y'=(\sin x)'\cdot\ln x+\sin x\cdot(\ln x)'=\cos x\cdot\ln x+\sin x\cdot\dfrac{1}{x}$

例 2.14 设 $y=e^{x}(\sin x+\cos x)$,求 y'.

解
$$
\begin{aligned}
y'&=(e^{x})'(\sin x+\cos x)+e^{x}(\sin x+\cos x)'\\
&=e^{x}(\sin x+\cos x)+e^{x}(\cos x-\sin x)\\
&=2e^{x}\cos x.
\end{aligned}
$$

例 2.15 设 $y=\tan x$,求 y'.

解
$$
\begin{aligned}
y'&=(\tan x)'=\left(\frac{\sin x}{\cos x}\right)'\\
&=\frac{(\sin x)'\cos x-\sin x(\cos x)'}{\cos^{2}x}\\
&=\frac{\cos^{2}x+\sin^{2}x}{\cos^{2}x}\\
&=\frac{1}{\cos^{2}x}=\sec^{2}x.
\end{aligned}
$$

即
$$(\tan x)'=\sec^{2}x$$

例 2.16 设 $y=\sec x$,求 y'.

解
$$
\begin{aligned}
y'&=(\sec x)'=\left(\frac{1}{\cos x}\right)'\\
&=\frac{(1)'\cos x-1\cdot(\cos x)'}{\cos^{2}x}\\
&=\frac{\sin x}{\cos^{2}x}=\sec x\tan x
\end{aligned}
$$

即
$$(\sec x)'=\sec x\tan x$$

2.2.2 反函数的导数

已知,对数函数是指数函数的反函数,反三角函数是三角函数的反函数.那么,有了指数函数的导数,是否可得到对数函数的导数?有了三角函数的导数,是否可得到反三角函数的导数?为此需要给出反函数的求导法则.

定理 2.2 设函数 $y=f(x)$ 在 x 的邻域内有定义,如果函数 $y=f(x)$ 在该邻域内是单调的,且在点 x 可导,$f'(x)\neq0$,那么它的反函数 $x=\varphi(y)$ 在对应的点 y 也

可导,并且

$$[\varphi(y)]'=\frac{1}{f'(x)}\text{或}\frac{dy}{dx}=\frac{1}{\frac{dx}{dy}} \tag{2.26}$$

证明 由于函数 $y=f(x)$ 在该邻域内单调、可导,因此 $y=f(x)$ 的反函数 $x=\varphi(y)$ 存在,且 $x=\varphi(y)$ 在对应的点 y 的邻域内是单调、连续的.

于是,当 $\Delta y\to 0$ 时,$\Delta x\to 0$;而且,当 $\Delta y\neq 0$ 时,$\Delta x\neq 0$.

因此得

$$[\varphi(y)]'=\lim_{\Delta y\to 0}\frac{\Delta x}{\Delta y}=\lim_{\Delta x\to 0}\frac{1}{\frac{\Delta y}{\Delta x}}=\frac{1}{\lim\limits_{\Delta x\to 0}\frac{\Delta y}{\Delta x}}=\frac{1}{f'(x)}$$

该定理表明,**反函数的导数等于直接函数导数的倒数**.

例 2.17 求 $y=\log_a x$ 的导数.

解 由反函数的求导法则,在对应区间 $I_x=(0,+\infty)$ 内有

$$(\log_a x)'=\frac{1}{(a^y)'}=\frac{1}{a^y\ln a}=\frac{1}{x\ln a}$$

例 2.18 求 $y=\arcsin x$ 的导数.

解 由反函数的求导法则,有

$$(\arcsin x)'=\frac{1}{(\sin y)'}=\frac{1}{\cos y}=\frac{1}{\sqrt{1-\sin^2 y}}=\frac{1}{\sqrt{1-x^2}}$$

类似地,有

$$(\arccos x)'=-\frac{1}{\sqrt{1-x^2}}$$

例 2.19 求 $y=\arctan x$ 的导数.

解 由反函数的求导法则,有

$$(\arctan x)'=\frac{1}{(\tan y)'}=\frac{1}{\sec^2 y}=\frac{1}{1+\tan^2 y}=\frac{1}{1+x^2}$$

类似地,有

$$(\operatorname{arccot} x)'=-\frac{1}{1+x^2}$$

2.2.3 复合函数的导数

至此,已会求基本初等函数的导数了,现在讨论复合函数的求导方法.

定理2.3 如果 $u=g(x)$ 在点 x 可导,函数 $y=f(u)$ 在点 $u=g(x)$ 可导,则复合函数 $y=f[g(x)]$ 在点 x 可导,且其导数为

$$\frac{dy}{dx}=f'(u)\cdot g'(x) \text{ 或} \frac{dy}{dx}=\frac{dy}{du}\cdot\frac{du}{dx} \tag{2.27}$$

证明 当 $u=g(x)$ 在 x 的某邻域内为常数时,$y=f[g(x)]$ 也是常数,此时导数为零,结论自然成立.

当 $u=g(x)$ 在 x 的某邻域内不等于常数时,$\Delta u\neq 0$,此时有

$$\begin{aligned}\frac{\Delta y}{\Delta x}&=\frac{f[g(x+\Delta x)]-f[g(x)]}{\Delta x}\\&=\frac{f[g(x+\Delta x)]-f[g(x)]}{g(x+\Delta x)-g(x)}\cdot\frac{g(x+\Delta x)-g(x)}{\Delta x}\\&=\frac{f(u+\Delta u)-f(u)}{\Delta u}\cdot\frac{g(x+\Delta x)-g(x)}{\Delta x}\end{aligned}$$

于是得

$$\begin{aligned}\frac{dy}{dx}&=\lim_{\Delta x\to 0}\frac{\Delta y}{\Delta x}\\&=\lim_{\Delta u\to 0}\frac{f(u+\Delta u)-f(u)}{\Delta u}\cdot\lim_{\Delta x\to 0}\frac{g(x+\Delta x)-g(x)}{\Delta x}\\&=f'(u)\cdot g'(x)\end{aligned}$$

该定理表明,**因变量对自变量求导等于因变量对中间变量求导乘以中间变量对自变量求导,此法则称为链式法则.**

显然,重复利用式(2.27),可将复合函数的求导法则推广到多个中间变量的情形. 例如,设 $y=f(u)$,$u=\varphi(v)$,$v=\psi(x)$,则

$$\frac{dy}{dx}=\frac{dy}{du}\cdot\frac{du}{dx}=\frac{dy}{du}\cdot\frac{du}{dv}\cdot\frac{dv}{dx} \tag{2.28}$$

例2.20 设 $y=\ln\sin x$,求$\frac{dy}{dx}$.

解 函数 $y=\ln\sin x$ 是由 $y=\ln u$,$u=\sin x$ 复合而成,因此得

$$\frac{\mathrm{d}y}{\mathrm{d}x}=\frac{\mathrm{d}y}{\mathrm{d}u}\cdot\frac{\mathrm{d}u}{\mathrm{d}x}=(\ln u)'\cdot(\sin x)'$$

$$=\frac{1}{u}\cdot\cos x=\frac{1}{\sin x}\cdot\cos x=\cot x$$

对复合函数的导数比较熟练后,就不必再写出中间变量.

例 2.21　求 $y=(x^2+1)^{10}$的导数.

解

$$\frac{\mathrm{d}y}{\mathrm{d}x}=10(x^2+1)^9\cdot(x^2+1)'$$

$$=10(x^2+1)^9\cdot 2x$$

$$=20x(x^2+1)^9$$

例 2.22　求 $y=\mathrm{e}^{\sin\frac{1}{x}}$的导数.

解

$$y'=\mathrm{e}^{\sin\frac{1}{x}}\left(\sin\frac{1}{x}\right)'$$

$$=\mathrm{e}^{\sin\frac{1}{x}}\cdot\cos\frac{1}{x}\cdot\left(\frac{1}{x}\right)'$$

$$=-\frac{1}{x^2}\mathrm{e}^{\sin\frac{1}{x}}\cdot\cos\frac{1}{x}$$

例 2.23　求 $y=\ln(x+\sqrt{x^2-a^2})$的导数.

解

$$y'=\frac{1}{x+\sqrt{x^2-a^2}}(x+\sqrt{x^2-a^2})'$$

$$=\frac{1}{x+\sqrt{x^2-a^2}}\left(1+\frac{1}{2}(x^2-a^2)^{-\frac{1}{2}}(x^2-a^2)'\right)$$

$$=\frac{1}{x+\sqrt{x^2-a^2}}\left(1+\frac{1}{2}(x^2-a^2)^{-\frac{1}{2}}(2x)\right)$$

$$=\frac{1}{x+\sqrt{x^2-a^2}}\left(1+\frac{x}{\sqrt{x^2-a^2}}\right)$$

2.2.4　初等函数的导数

初等函数是由常数和基本初等函数经过有限次四则运算和有限次的函数复合所构成的用一个式子表示的函数. 本节将给出基本初等函数的求导公式,然后对四则运算求导法则、反函数的求导法则和复合函数的求导法则进行归纳,最后对初等函数的求导进行举例.

(1)常数和基本初等函数的求导公式

①$(C)'=0$.

②$(x^{\mu})'=\mu x^{\mu-1}$.

③$(\sin x)'=\cos x$.

④$(\cos x)'=-\sin x$.

⑤$(\tan x)'=\sec^2 x$.

⑥$(\cot x)'=-\csc^2 x$.

⑦$(\sec x)'=\sec x\cdot\tan x$.

⑧$(\csc x)'=-\csc x\cdot\cot x$.

⑨$(a^x)'=a^x\ln a$.

⑩$(e^x)'=e^x$.

⑪$(\log_a x)'=\dfrac{1}{x\ln a}$.

⑫$(\ln x)'=\dfrac{1}{x}$.

⑬$(\arcsin x)'=\dfrac{1}{\sqrt{1-x^2}}$.

⑭$(\arccos x)'=-\dfrac{1}{\sqrt{1-x^2}}$.

⑮$(\arctan x)'=\dfrac{1}{1+x^2}$.

⑯$(\text{arccot}\, x)'=-\dfrac{1}{1+x^2}$.

(2)函数的和、差、积、商的求导法则

设$u=u(x)$,$v=v(x)$都可导,则:

①$(u\pm v)'=u'\pm v'$.

②$(Cu)'=Cu'$.

③$(uv)'=u'v+uv'$.

④$\left(\dfrac{u}{v}\right)'=\dfrac{u'v-uv'}{v^2}$.

(3)反函数的求导法则

设函数 $y=f(x)$ 在 x 的邻域内有定义,如果函数 $y=f(x)$ 在该邻域内是单调的,且在点 x 可导,$f'(x)\neq 0$,那么,它的反函数 $x=\varphi(y)$ 在对应的点 y 也可导,并且

$$[\varphi(y)]'=\frac{1}{f'(x)} \text{ 或 } \frac{dy}{dx}=\frac{1}{\frac{dx}{dy}}$$

(4)复合函数的求导法则

如果 $u=g(x)$ 在点 x 可导,函数 $y=f(u)$ 在点 $u=g(x)$ 可导,则复合函数 $y=f[g(x)]$ 在点 x 可导,且其导数为

$$\frac{dy}{dx}=f'(u)\cdot g'(x) \text{ 或 } \frac{dy}{dx}=\frac{dy}{du}\cdot\frac{du}{dx}$$

(5)初等函数求导举例

例 2.24 求 $y=\tan\ln(1+x^2)$ 的导数.

解

$$\begin{aligned} y' &= \sec^2\ln(1+x^2)\cdot(\ln(1+x^2))' \\ &= \sec^2\ln(1+x^2)\cdot\frac{1}{1+x^2}(1+x^2)' \\ &= \sec^2\ln(1+x^2)\cdot\frac{2x}{1+x^2} \end{aligned}$$

例 2.25 求 $y=\ln\cos(e^x)$ 的导数.

解

$$\begin{aligned} \frac{dy}{dx} &= [\ln\cos(e^x)]'=\frac{1}{\cos(e^x)}\cdot[\cos(e^x)]' \\ &= \frac{1}{\cos(e^x)}\cdot[-\sin(e^x)]\cdot(e^x)' \\ &= -e^x\tan(e^x) \end{aligned}$$

例 2.26 求 $y=\frac{x}{2}\sqrt{a^2-x^2}+\frac{a^2}{2}\arcsin\frac{x}{a}$ 的导数.

解

$$\begin{aligned} y' &= \left(\frac{x}{2}\sqrt{a^2-x^2}\right)'+\left(\frac{a^2}{2}\arcsin\frac{x}{a}\right)' \\ &= \frac{1}{2}\sqrt{a^2-x^2}-\frac{1}{2}\frac{x^2}{\sqrt{a^2-x^2}}+\frac{a^2}{2\sqrt{a^2-x^2}} \\ &= \sqrt{a^2-x^2} \end{aligned}$$

2.2.5 隐函数的导数

把一个隐函数化成显函数称为**隐函数的显化**. 如果一个函数能够化成显函数，则求导比较容易. 但隐函数的显化有时是有困难的，甚至是不可能的. 但在实际问题中，有时需要计算隐函数的导数，因此希望有一种方法，不管隐函数能否显化，都能直接由方程算出它所确定的隐函数的导数来.

设方程 $F(x,y)=0$ 确定的函数 $y=y(x)$，代入原方程可得 $F(x, y(x))=0$（其中，y 是关于 x 的函数）。用复合函数求导的链式法则，将方程 $F(x, y(x))=0$ 两边对 x 求导，从方程中解出 y'，则得到隐函数所确定的函数 $y=y(x)$ 的导数.

例 2.27 求由方程 $e^y+xy-e=0$ 所确定的隐函数 y 的导数.

解 将方程两边的每一项对 x 求导数得

$$(e^y)'+(xy)'-(e)'=(0)'$$

即

$$e^y\cdot y'+y+xy'=0$$

解出 y'，得

$$y'=-\frac{y}{x+e^y}(x+e^y\neq 0)$$

例 2.28 求由方程 $x+y=\ln y$ 所确定的隐函数 y 的导数.

解 将方程两边的每一项对 x 求导数得

$$1+y'=\frac{y'}{y}$$

解出 y'，得

$$y'=\frac{y}{1-y}$$

2.2.6 由参数方程确定的函数的导数

在实际问题中，需要计算由参数方程所确定的函数的导数. 如果能够消去参数，把它化成显函数，则求导比较容易. 但有时从参数方程中消去参数会有困难. 因此，希望有一种方法能直接由参数方程算出它所确定的函数的导数.

定理 2.4 设有参数方程

$$\begin{cases} x = \varphi(t) \\ y = \psi(t) \end{cases}, \quad t \in T$$

若 $x=\varphi(t)$ 和 $y=\psi(t)$ 在 $t\in T$ 上都可导,且 $\varphi'(t)\neq 0$,则由参数方程所确定的函数 $y=y(x)$ 在 $t\in T$ 上可导,且

$$\frac{\mathrm{d}y}{\mathrm{d}x} = \frac{\frac{\mathrm{d}y}{\mathrm{d}t}}{\frac{\mathrm{d}x}{\mathrm{d}t}} = \frac{\mathrm{d}y}{\mathrm{d}t}\cdot\frac{\mathrm{d}t}{\mathrm{d}x} = \frac{\mathrm{d}y}{\mathrm{d}t}\cdot\frac{1}{\frac{\mathrm{d}x}{\mathrm{d}t}} = \frac{\psi'(t)}{\varphi'(t)} \tag{2.29}$$

证明从略.

例 2.29 求圆的渐开线

$$\begin{cases} x = a(\cos\theta + \theta\sin\theta) \\ y = a(\sin\theta - \theta\cos\theta) \end{cases}$$

所确定的函数 $y=y(x)$ 的导数.

解 由参数方程确定的函数的求导法则,得

$$\frac{\mathrm{d}y}{\mathrm{d}x} = \frac{\frac{\mathrm{d}y}{\mathrm{d}\theta}}{\frac{\mathrm{d}x}{\mathrm{d}\theta}} = \frac{(a(\sin\theta - \theta\cos\theta))'}{(a(\cos\theta + \theta\sin\theta))'}$$

$$= \frac{a(\cos\theta - (\cos\theta - \theta\sin\theta))}{a(-\sin\theta + (\sin\theta + \theta\cos\theta))}$$

$$= \frac{\sin\theta}{\cos\theta} = \tan\theta$$

2.2.7 对数求导方法

这种方法的基本思路是先在 $y=f(x)$ 的两边取对数,然后利用隐函数的求导方法求出导数.

设 $y=f(x)$,两边取对数,得

$$\ln y = \ln f(x)$$

上式两边对 x 求导,得

$$\frac{1}{y}y' = [\ln f(x)]'$$

$$y' = f(x)\cdot[\ln f(x)]'$$

对数求导法适用于求幂指函数 $y=[u(x)]^{v(x)}$ 的导数及多因子之积和商的导数.

例 2.30 求 $y=x^{\sin x}(x>0)$ 的导数.

解 两边取对数,得

$$\ln y=\sin x\cdot\ln x$$

上式两边对 x 求导,得

$$\frac{1}{y}y'=\cos x\cdot\ln x+\sin x\cdot\frac{1}{x}$$

整理得

$$\begin{aligned}y'&=y\left(\cos x\cdot\ln x+\sin x\cdot\frac{1}{x}\right)\\&=x^{\sin x}\left(\cos x\cdot\ln x+\frac{\sin x}{x}\right)\end{aligned}$$

2.2.8 求导综合举例

以上讲了多种求导法则,实际使用中,往往是多个求导法则的综合应用,本节以例子的形式给予呈现.

例 2.31 设 $f(x)=x^3+4\cos x-\sin\frac{\pi}{2}$,求 $f'(x)$ 及 $f'\left(\frac{\pi}{2}\right)$.

解

$$\begin{aligned}f'(x)&=(x^3)'+(4\cos x)'-\left(\sin\frac{\pi}{2}\right)'\\&=3x^2-4\sin x\end{aligned}$$

$$f'\left(\frac{\pi}{2}\right)=\frac{3}{4}\pi^2-4$$

例 2.32 设 $y=e^{x^3}$,求 $\frac{dy}{dx}$.

解 函数 $y=e^{x^3}$ 可看作是由 $y=e^u$,$u=x^3$ 复合而成的,因此得

$$\frac{dy}{dx}=\frac{dy}{du}\cdot\frac{du}{dx}=e^u\cdot 3x^2=3x^2e^{x^3}$$

例 2.33 设 $y=\sqrt[3]{1-2x^2}$,求 $\frac{dy}{dx}$.

解

$$\frac{dy}{dx}=[(1-2x^2)^{\frac{1}{3}}]'$$

$$=\frac{1}{3}(1-2x^2)^{-\frac{2}{3}}\cdot(1-2x^2)'$$

$$=\frac{-4x}{3\sqrt[3]{(1-2x^2)^2}}$$

例 2.34 设 $y=\ln\sin(e^x)$,求$\frac{dy}{dx}$.

解 $$\frac{dy}{dx}=[\ln\sin(e^x)]'=\frac{1}{\sin(e^x)}\cdot[\sin(e^x)]'$$

$$=\frac{1}{\sin(e^x)}\cdot[\cos(e^x)]\cdot(e^x)'$$

$$=e^x\cot(e^x).$$

例 2.35 设 $y=\sin nx\cdot\sin^n x$ (n 为常数),求 y'.

解 $$y'=(\sin nx)'\sin^n x+\sin nx\cdot(\sin^n x)'$$

$$=n\cos nx\cdot\sin^n x+\sin nx\cdot n\cdot\sin^{n-1}x\cdot(\sin x)'$$

$$=n\cos nx\cdot\sin^n x+n\sin^{n-1}x\cdot\cos x=n\sin^{n-1}x\cdot\sin(n+1)x$$

例 2.36 求由方程 $y^5+2y-x-3x^7=0$ 所确定的隐函数 $y=f(x)$ 在 $x=0$ 处的导数 $y'|_{x=0}$.

解 将方程两边分别对 x 求导数,得

$$5y^4\cdot y'+2y'-1-21x^6=0$$

由此得

$$y'=\frac{1+21x^6}{5y^4+2}$$

由于当 $x=0$ 时,从原方程得 $y=0$,因此得

$$y'|_{x=0}=\left.\frac{1+21x^6}{5y^4+2}\right|_{x=0}=\frac{1}{2}$$

例 2.37 求 $y=\sin x^{\cos x}(x>0)$的导数.

解 两边取对数,得

$$\ln y=\cos x\cdot\ln\sin x$$

上式两边对 x 求导,得

$$\frac{1}{y}y'=-\sin x\cdot\ln\sin x+\cos x\cdot\frac{1}{\sin x}\cos x$$

整理得

$$y' = y\left(-\sin x \cdot \ln \sin x + \frac{\cos^2 x}{\sin x}\right)$$

$$= \sin x^{\cos x}\left(-\sin x \cdot \ln \sin x + \frac{\cos^2 x}{\sin x}\right)$$

例 2.38 求椭圆$\begin{cases} x = a\cos t \\ y = b\sin t \end{cases}$在相应于$t = \dfrac{\pi}{4}$点处的切线方程.

解

$$\frac{\mathrm{d}y}{\mathrm{d}x} = \frac{(b\sin t)'}{(a\cos t)'} = \frac{b\cos t}{-a\sin t} = -\frac{b}{a}\cot t$$

所求切线的斜率为

$$\left.\frac{\mathrm{d}y}{\mathrm{d}x}\right|_{t=\frac{\pi}{4}} = -\frac{b}{a}$$

切点的坐标为

$$x_0 = a\cos\frac{\pi}{4} = a\frac{\sqrt{2}}{2}, y_0 = b\sin\frac{\pi}{4} = b\frac{\sqrt{2}}{2}$$

切线方程为

$$y - b\frac{\sqrt{2}}{2} = -\frac{b}{a}\left(x - a\frac{\sqrt{2}}{2}\right)$$

即

$$bx + ay - \sqrt{2}ab = 0$$

习题 2.2

1. 选择题:

(1)曲线 $y = 2x^3 - 5x^2 + 4x - 5$ 在点$(2, -1)$处切线斜率等于(　　).

A. 8　　B. 12　　C. -6　　D. 6

(2)若$f(x) = \begin{cases} e^{ax} & x < 0 \\ b + \sin 2x & x \geqslant 0 \end{cases}$在 $x = 0$ 处可导,则 a, b 的值应为(　　).

A. $a = 2, b = 1$　　B. $a = 1, b = 2$

C. $a = -2, b = 1$　　D. $a = 2, b = -1$

(3)若函数$f(x)$在点 x_0 处有导数,而函数 $g(x)$在点 x_0 处没有导数,则$F(x) = f(x) + g(x)$, $G(x) = f(x) - g(x)$在 x_0 处(　　).

A. 一定都没有导数　　B. 一定都有导数

C. 恰有一个有导数　　D. 至少一个有导数

(4)已知 $F(x)=f[g(x)]$ 在 $x=x_0$ 处可导,则(　　).

A. $f(x)$,$g(x)$都必须可导　　B. $f(x)$必须可导

C. $g(x)$必须可导　　D. $f(x)$和 $g(x)$都不一定可导

(5)设函数$f(x)$在点 0 可导,且$f(0)=0$,则$\lim\limits_{x\to 0}\dfrac{f(x)}{-x}=$(　　).

A. $-f'(x)$　　B. $-f'(0)$　　C. 不存在　　D. ∞

(6)若$f'(x_0)=-3$,则$\lim\limits_{\Delta x\to 0}\dfrac{f(x_0+\Delta x)-f(x_0+3\Delta x)}{\Delta x}=$(　　).

A. -3　　B. 6　　C. -9　　D. -12

2. 填空题:

(1)设函数 $y=y(x)$ 由方程 $xy-\mathrm{e}^x+\mathrm{e}^y=0$ 所确定,则 $y'(0)=$________.

(2)曲线 $y=\ln x$ 在点 $P(\mathrm{e},1)$ 处的切线方程________.

(3)设$f(x)$为奇函数,且$f'(x_0)=2$,则$f'(-x_0)=$________.

(4)若函数$f(x)$在点 a 可导,则$\lim\limits_{h\to 0}\dfrac{f(a)-f(a+2h)}{3h}=$________.

(5)设函数$f(x)=x(x-1)(x-2)(x-3)(x-4)$,则$f'(0)=$________.

3. 求下列函数的导数:

(1)$y=ax^2+bx+c$

(2)$y=5x^3-2^x+3\mathrm{e}^x$

(3)$y=x^2\cos x$

(4)$y=3a^x-\dfrac{2}{x}$

(5)$s=\dfrac{1-\sin t}{1+\sin t}$

(6)$y=(2+\sec t)\sin t$

(7)$y=e^{\sin^3 x}$

(8)$y=\sin \mathrm{e}^{x^2+x-2}$

(9)$y=\sqrt{1+\mathrm{e}^x}$

(10)$y=\ln(1+x+\sqrt{2x+x^2})$

(11)$y=\ln[\ln(\ln t)]$

(12)$y=\arcsin\sqrt{x}$

4. 求 $x^3+y^3-3xy=0$ 所确定的隐函数 y 的导数$\dfrac{\mathrm{d}y}{\mathrm{d}x}$.

5. 设曲线 C 的参数方程是$\begin{cases}x=\mathrm{e}^t-\mathrm{e}^{-t}\\ y=(\mathrm{e}^t+\mathrm{e}^{-t})^2\end{cases}$,求曲线 C 上对应于 $t=\ln 2$ 的点的切线方程.

2.3 高阶导数

2.3.1 高阶导数的定义

一般地,函数 $y=f(x)$ 的导数 $y'=f'(x)$ 仍然是 x 的函数. 把 $y'=f'(x)$ 的导数称为函数 $y=f(x)$ 的**二阶导数**,记为 y'', $f''(x)$ 或$\frac{d^2y}{dx^2}$,即

$$y''=(y')',f''(x)=[f'(x)]',\frac{d^2y}{dx^2}=\frac{d}{dx}\left(\frac{dy}{dx}\right)$$

类似的,二阶导数的导数称为**三阶导数**,记为 y''', $f'''(x)$ 或$\frac{d^3y}{dx^3}$.

以此类推,$(n-1)$阶导数的导数称为 n 阶导数,记为 $y^{(n)}$, $f^{(n)}(x)$ 或$\frac{d^ny}{dx^n}$.

函数 $f(x)$ 具有 n 阶导数,也说函数 $f(x)$ 为 n 阶可导.

二阶及二阶以上的导数统称**高阶导数**.

函数的各阶导数在某点 x_0 处的取值记为

$$f'(x_0),f''(x_0),f'''(x_0),\cdots,f^{(n)}(x_0)$$

或者

$$y'\big|_{x=x_0},y''\big|_{x=x_0},y'''\big|_{x=x_0},\cdots,y^{(n)}\big|_{x=x_0}$$

注 2.9 如果函数 $f(x)$ 在点 x 处具有 n 阶导数,那么函数 $f(x)$ 在点 x 的某一邻域内必定具有一切低于 n 阶的导数.

注 2.10 求高阶导数就是一阶一阶的多次求一阶导数. 比如对一阶导数再求一阶导数得到二阶导数,对二阶导数再求一阶导数得到三阶导数,以此类推. 因此,其求导方法是依旧使用一阶导数的求法.

2.3.2 高阶导数的求导举例

例 2.39 设 $y=ax+b$,求 y''.

解 先求一阶导数 $y'=a$,再对一阶导数求导数得二阶导数 $y''=0$.

例 2.40 设 $y=x^4$，求 y 的各阶导数.

解 $y'=4x^3, y''=12x^2, y'''=24x, y^{(4)}=24, y^{(5)}=0,\ y^{(6)}=y^{(7)}=\cdots=0.$

例 2.41 设 $s=\ln t$，求 s''.

解 先求一阶导数 $s'=\dfrac{1}{t}$.

再对一阶导数求导数得二阶导数 $s''=-\dfrac{1}{t^2}$.

例 2.42 求函数 $y=\mathrm{e}^x$ 的各阶导数.

解

$$y'=\mathrm{e}^x, y''=\mathrm{e}^x, y'''=\mathrm{e}^x, y^{(4)}=\mathrm{e}^x$$

一般可得

$$y^{(n)}=\mathrm{e}^x$$

即

$$(\mathrm{e}^x)^{(n)}=\mathrm{e}^x$$

例 2.43 求正弦函数的 n 阶导数.

解 $y=\sin x$

$$y'=\cos x=\sin\left(x+\frac{\pi}{2}\right)$$

$$y''=\cos\left(x+\frac{\pi}{2}\right)=\sin\left(x+\frac{\pi}{2}+\frac{\pi}{2}\right)=\sin\left(x+2\cdot\frac{\pi}{2}\right)$$

$$y'''=\cos\left(x+2\cdot\frac{\pi}{2}\right)=\sin\left(x+2\cdot\frac{\pi}{2}+\frac{\pi}{2}\right)=\sin\left(x+3\cdot\frac{\pi}{2}\right)$$

$$y^{(4)}=\cos\left(x+3\cdot\frac{\pi}{2}\right)=\sin\left(x+4\cdot\frac{\pi}{2}\right)$$

一般可得

$$y^{(n)}=\sin\left(x+n\cdot\frac{\pi}{2}\right)$$

即

$$(\sin x)^{(n)}=\sin\left(x+n\cdot\frac{\pi}{2}\right)$$

注 2.11 求 n 阶导数时，求出 1 ~ 3 或 4 阶后，不要急于合并，分析结果的规律性，写出 n 阶导数，然后用数学归纳法证明. 类似于例 2.43，可得

$$(\cos x)^{(n)}=\cos\left(x+n\cdot\frac{\pi}{2}\right)$$

例 2.44 设 $y = x^3 e^{2x}$,求 y'''.

解 $y' = 3x^2 e^{2x} + x^3 e^{2x} \cdot 2 = (2x^3 + 3x^2)e^{2x}$

$y'' = (2x^3 + 3x^2)e^{2x} \cdot 2 + (6x^2 + 6x)e^{2x} = (4x^3 + 12x^2 + 6x)e^{2x}$

$y''' = (4x^3 + 12x^2 + 6x)e^{2x} \cdot 2 + (12x^2 + 24x + 6)e^{2x}$

$= (8x^3 + 36x^2 + 36x + 6)e^{2x}$

例 2.45 验证函数 $y = e^x \sin x$ 满足关系式 $y'' - 2y' + 2y = 0$.

解 $y' = e^x \sin x + e^x \cos x = (\sin x + \cos x)e^x$

$y'' = (\sin x + \cos x)e^x + (\cos x - \sin x)e^x = 2\cos x e^x$

$y'' - 2y' + 2y = 2\cos x e^x - 2(\sin x + \cos x)e^x + 2e^x \sin x = 0$

故原式成立.

习题 2.3

1. 选择题:

(1)设 $y = e^{f(x)}$ 且 $f(x)$ 二阶可导,则 $y'' =$ (　　).

A. $e^{f(x)}$　　B. $e^{f(x)} f''(x)$

C. $e^{f(x)}[f'(x)f''(x)]$　　D. $e^{f(x)}\{[f'(x)]^2 + f''(x)\}$

(2)设 $f(x)$ 在点 $x = a$ 处为二阶可导,则 $\lim\limits_{h \to 0} \dfrac{\dfrac{f(a+h) - f(a)}{h}}{h} =$ (　　).

A. $\dfrac{f''(a)}{2}$　　B. $f''(a)$　　C. $2f''(a)$　　D. $-f''(a)$

(3)函数 $f(x) = \begin{cases} \dfrac{\sqrt{1+x} - 1}{x} & x \neq 0 \\ \dfrac{1}{2} & x = 0 \end{cases}$ 在 $x = 0$ 处(　　).

A. 不连续　　B. 连续不可导

C. 连续且仅有一阶导数　　D. 连续且有二阶导数

(4)设函数 $f(x)$ 有连续的二阶导数,且 $f(0) = 0, f'(0) = 1, f''(0) = -2$,则极限 $\lim\limits_{x \to 0} \dfrac{f(x) - x}{x^2}$ 等于(　　).

A. 1　　B. 0　　C. 2　　D. -1

(5)设 $y=\sin x$,则 $y^{(10)}$ 等于(　　).

A. $\sin x$　　B. $\cos x$　　C. $-\sin x$　　D. $-\cos x$

2. 求下列函数的二阶导数:

(1)$y=x\cos x$　　(2)$y=\sqrt{a^2-x^2}$

(3)$y=xe^{x^2}$　　(4)$y=\tan x$

(5)$y=e^{\sqrt{x}}$　　(6)$y=\ln\sin x$

3. 设 $f(x)=(x+10)^6$,求 $f'''(2)$.

4. 验证函数 $y=\sqrt{2x-x^2}$ 满足关系式 $y^3y''+1=0$.

2.4 微　分

2.4.1 微分的定义

先通过一个实例看一个函数值改变量的计算及改变量的构成.

设有一个边长为 x_0 的正方形,如图 2.2 所示。其面积用 S 表示,显然 $S={x_0}^2$. 当边长由 x_0 变到 $x_0+\Delta x$ 时,此薄片的面积改变了多少?

根据正方形的面积公式,当边长 x_0 变到 $x_0+\Delta x$ 时,正方形的面积的改变量为

$$\Delta S=(x_0+\Delta x)^2-(x_0)^2=2x_0\Delta x+(\Delta x)^2 \tag{2.30}$$

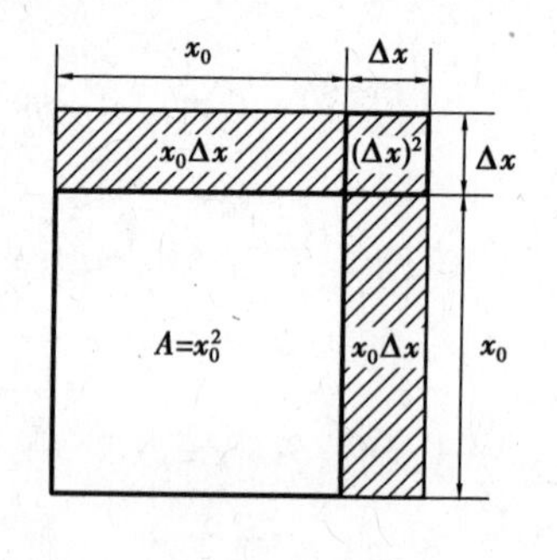

图 2.2

从图 2.2 可知,$2x_0\Delta x$ 表示两个长为 x_0 宽为 Δx 的长方形面积;$(\Delta x)^2$ 表示边长为 Δx 的正方形的面积.

根据无穷小的比较原理,当 $\Delta x\to 0$ 时,$(\Delta x)^2$ 是比 Δx 高阶的无穷小,即 $(\Delta x)^2=o(\Delta x)$;$2x_0\Delta x$ 是 Δx 的线性函数,是 ΔS 的主要部分,可近似地代替 ΔS. 把 $2x_0\Delta x$ 称为边长为 x_0 的正方形面积 S 的微分. 一般有以下关于微分的定义:

设函数 $y=f(x)$ 在某区间 I 内有定义,当自变量 x 由 x_0 变到 $x_0+\Delta x$ 时,如果函数的改变量

$$\Delta y = f(x_0 + \Delta x) - f(x_0) \tag{2.31}$$

可表示为

$$\Delta y = A\Delta x + o(\Delta x) \tag{2.32}$$

其中,A 是不依赖于 Δx 的常数。那么称**函数 $y=f(x)$ 在点 x_0 是可微的**,而 $A\Delta x$ 称为函数 $y=f(x)$ 在点 x_0 相应于自变量的改变量 Δx 的**微分**,记为 $\mathrm{d}y\big|_{x=x_0}$,即

$$\mathrm{d}y\big|_{x=x_0} = A\Delta x \tag{2.33}$$

由微分的定义可知,微分是自变量的改变量 Δx 的线性函数 $A\Delta x$. 现在的问题是怎样确定 A?

2.4.2 微分与导数的关系

定理 2.5 函数 $f(x)$ 在点 x_0 可微的**充分必要条件**是函数 $f(x)$ 在点 x_0 可导,且当函数 $f(x)$ 在点 x_0 可微时,其微分一定为

$$\mathrm{d}y\big|_{x=x_0} = f'(x_0)\Delta x \tag{2.34}$$

证明 设函数 $f(x)$ 在点 x_0 可微,则按定义有

$$\Delta y = A\Delta x + o(\Delta x)$$

上式两边除以 Δx,得

$$\frac{\Delta y}{\Delta x} = A + \frac{o(\Delta x)}{\Delta x}$$

于是,当 $\Delta x \to 0$ 时,由上式可得

$$A = \lim_{\Delta x \to 0} \frac{\Delta y}{\Delta x} = f'(x_0)$$

因此,如果函数 $f(x)$ 在点 x_0 可微,则 $f(x)$ 在点 x_0 也一定可导,且 $A=f'(x_0)$.

反之,如果 $f(x)$ 在点 x_0 可导,即

$$\lim_{\Delta x \to 0} \frac{\Delta y}{\Delta x} = f'(x_0)$$

存在,根据极限与无穷小的关系,上式可写为

$$\frac{\Delta y}{\Delta x} = f'(x_0) + \alpha$$

其中,$\alpha \to 0$(当 $\Delta x \to 0$),且 $f(x_0)$ 是常数,$\alpha\Delta x = o(\Delta x)$. 由此有

$$\Delta y = f'(x_0)\Delta x + \alpha\Delta x$$

因 $f'(x_0)$ 不依赖于 Δx,故上式相当于

$$\Delta y = A\Delta x + o(\Delta x)$$

因此,$f(x)$在点 x_0 也是可微的.

通常记 $dx = \Delta x$,其中 dx 也称**自变量的微分**,根据定理 2.5 的结论,函数 $y=f(x)$在点 x_0 的微分通常记为 $dy|_{x=x_0}=f'(x_0)\,dx$.

如果函数 $y=f(x)$在某区间 I 内的每一点 x 处都可微,则称**函数 $y=f(x)$在区间 I 可微**,且函数 $y=f(x)$在区间 I 的任意一点 x 处的微分为**函数 $y=f(x)$的微分**,记为 dy,即

$$dy = f'(x)dx \tag{2.35}$$

例如,$d\cos x=(\cos x)'dx=-\sin x dx$,$de^x=(e^x)'dx=e^x dx$.

注 2.12 定理 2.5 给出了**函数可微的条件**,也给出了**微分和导数的关系**.

注 2.13 微分和导数的区别:导数是一个确定的值 $f'(x_0)$,而微分 $f'(x_0)\,dx$ 是一个无穷小;从几何意义上看,导数是切线的斜率,而微分是纵坐标的增量.

例 2.46 求函数 $y=x^2$在 $x=3$ 处的微分.

解 函数 $y=x^2$在 $x=3$ 处的微分为

$$dy|_{x=3} = (x^2)'|_{x=3}dx = 6dx$$

例 2.47 求函数 $y=2x^3$当 $x=1,\Delta x=0.01$ 时的微分.

解 先求函数在任意点 x 的微分,即

$$dy = (2x^3)'\Delta x = 6x^2\Delta x$$

再求函数当 $x=1,\Delta x=0.01$ 时的微分,即

$$dy|_{x=1,\Delta x=0.01} = 6x^2|_{x=1,\Delta x=0.01} = 6\times1^2\times0.01 = 0.06$$

例 2.48 求函数 $y=\ln x$ 的微分.

解
$$dy=(\ln x)'dx=\frac{1}{x}dx$$

2.4.3 微分的几何意义

在直角坐标系中作出函数 $y=f(x)$的图形,如图 2.3 所示. 在曲线上取一点 $M(x_0,f(x_0))$,过 M 作曲线的切线 MT,此时切线 MT 的斜率为 $f'(x_0)=\tan\alpha$,其中,α 为切线的倾斜角. 当自变量由 x_0 变到 $x_0+\Delta x$ 时,得到曲线上另外一点

$N(x_0+\Delta x, f(x_0+\Delta x))$. 从图2.3中可知，$\Delta y = f(x_0+\Delta x) - f(x_0)$是曲线$y=f(x)$上的点的纵坐标的改变量；$dy = f'(x_0)\Delta x$就是曲线的切线上点纵坐标的相应增量. 当$|\Delta x|$很小时，$|\Delta y - dy|$比$|\Delta x|$小得多. 因此在点$M$的附近，可用切线段来近似代替曲线段.

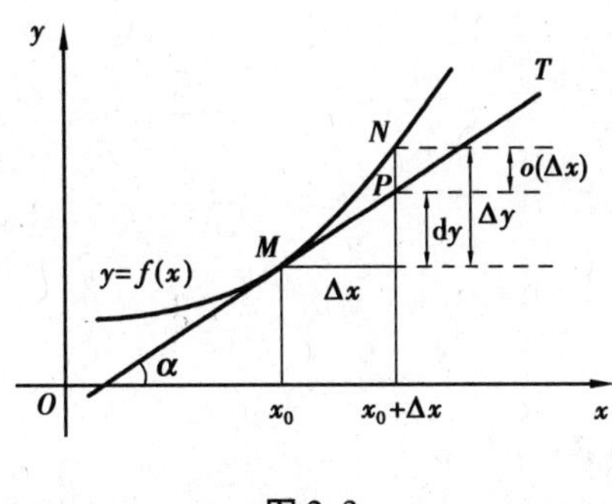

图2.3

2.4.4 基本初等函数的微分公式

从函数的微分的表达式，即

$$dy = f'(x)dx$$

可知，要计算函数的微分，只要计算函数的导数，再乘以自变量的微分dx即可.

因此，根据导数的基本公式，可得以下的基本初等函数的微分公式：

①$d(C)=0$.

②$d(x^\mu)=\mu x^{\mu-1}dx$.

③$d(\sin x)=\cos x dx$.

④$d(\cos x)=-\sin x dx$.

⑤$d(\tan x)=\sec^2 x dx$.

⑥$d(\cot x)=-\csc^2 x dx$.

⑦$d(\sec x)=\sec x\cdot\tan x dx$.

⑧$d(\csc x)=-\csc x\cdot\cot x dx$.

⑨$d(a^x)=a^x\ln a dx$.

⑩$d(e^x)=e^x dx$.

⑪$d(\log_a x)=\frac{1}{x\ln a}dx$.

⑫$\mathrm{d}(\ln x)=\dfrac{1}{x}\mathrm{d}x$.

⑬$\mathrm{d}(\arcsin x)=\dfrac{1}{\sqrt{1-x^2}}\mathrm{d}x$.

⑭$\mathrm{d}(\arccos x)=-\dfrac{1}{\sqrt{1-x^2}}\mathrm{d}x$.

⑮$\mathrm{d}(\arctan x)=\dfrac{1}{1+x^2}\mathrm{d}x$.

⑯$\mathrm{d}(\operatorname{arccot} x)=-\dfrac{1}{1+x^2}\mathrm{d}x$.

2.4.5 微分的运算法则

根据可导与可微的关系,以及导数的四则运算法则,可得微分的四则运算法则.

设 $u=u(x)$,$v=v(x)$都可微,则

(1)$\mathrm{d}(u\pm v)=\mathrm{d}u\pm\mathrm{d}v$.

(2)$\mathrm{d}(Cu)=C\mathrm{d}u$.

(3)$\mathrm{d}(uv)=\mathrm{d}u\cdot v+u\cdot\mathrm{d}v$.

(4)$\mathrm{d}\left(\dfrac{u}{v}\right)=\dfrac{v\mathrm{d}u-u\mathrm{d}v}{v^2}$.

2.4.6 一阶微分不变性

设 $y=f(u)$ 及 $u=\varphi(x)$ 都可导,则复合函数 $y=f[\varphi(x)]$ 的微分为

$$\mathrm{d}y=y'_x\mathrm{d}x=f'(u)\varphi'(x)\mathrm{d}x \tag{2.36}$$

又由于 $\varphi'(x)\mathrm{d}x=\mathrm{d}u$,因此复合函数 $y=f[\varphi(x)]$ 的微分公式也可写为

$$\mathrm{d}y=f'(u)\mathrm{d}u\quad\text{或}\quad\mathrm{d}y=y'_u\mathrm{d}u \tag{2.37}$$

由此可知,无论 u 是自变量还是另一个变量的可微函数(即中间变量),微分形式 $\mathrm{d}y=f'(u)\mathrm{d}u$ 保持不变.这一性质称为一阶**微分形式的不变性**.该性质表明,当变换自变量时,微分形式 $\mathrm{d}y=f'(u)\mathrm{d}u$ 并不改变.

例 2.49 设 $y=\sin(x^2+1)$,求 dy.

解 把 x^2+1 看成中间变量 u,则

$$dy=d(\sin u)=\cos u du=\cos(x^2+1)d(x^2+1)$$
$$=\cos(x^2+1)\cdot 2xdx=2x\cos(x^2+1)dx$$

例 2.50 设 $y=e^{-ax}\sin bx$,求 dy.

解
$$dy=e^{-ax}\cdot\cos bxd(bx)+\sin bx\cdot e^{-ax}d(-ax)$$
$$=e^{-ax}\cdot\cos bx\cdot bdx+\sin bx\cdot e^{-ax}\cdot(-a)dx$$
$$=e^{-ax}(b\cos bx-a\sin bx)dx$$

注 2.14 在求复合函数的导数时,可不写出中间变量.

2.4.7 微分在近似计算中的应用

在工程问题中,经常会遇到一些复杂的计算公式,很难直接用这些公式进行计算.往往可利用微分把一些复杂的计算公式改用简单的近似公式来代替.

如果函数 $y=f(x)$ 在点 x_0 处的导数 $f'(x_0)\neq 0$,且 $|\Delta x|$ 很小时,则有

$$\Delta y\approx dy=f'(x_0)\Delta x$$
$$\Delta y=f(x_0+\Delta x)-f(x_0)\approx dy=f'(x_0)\Delta x$$
$$f(x_0+\Delta x)\approx f(x_0)+f'(x_0)\Delta x$$

若令 $x=x_0+\Delta x$,即 $\Delta x=x-x_0$,那么又有

$$f(x)\approx f(x_0)+f'(x_0)(x-x_0)$$

特别当 $x_0=0$ 时,有

$$f(x)\approx f(0)+f'(0)x$$

以上这些都是近似计算公式.

进一步,当 $|x|$ 很小时,有以下常用的一些近似公式:

① $\sqrt[n]{1+x}\approx 1+\frac{1}{n}x$.

② $\sin x\approx x$(x 用弧度作单位来表达).

③ $\tan x\approx x$(x 用弧度作单位来表达).

④ $e^x\approx 1+x$.

⑤ $\ln(1+x)\approx x$.

例 2.51 计算$\sqrt[3]{65}$的值.

解 由于

$$\sqrt[3]{65} = \sqrt[3]{64+1} = 4\sqrt[3]{1+\frac{1}{64}}$$

根据公式①,得

$$\sqrt[3]{65} \approx 4\left(1+\frac{1}{3}\frac{1}{64}\right) \approx 4.021$$

习题 2.4

1. 选择题:

(1)若$f(x)$为可微分函数,当$\Delta x \to 0$时,则在点x处的$\Delta y - \mathrm{d}y$是关于Δx的(　　).

A. 高阶无穷小　　B. 等价无穷小　　C. 低价无穷小　　D. 不可比较

(2)设$f(x)=x^n\sin\frac{1}{x}(x\neq 0)$且$f(0)=0$,则$f(x)$在$x=0$处(　　).

A. 令当$\lim\limits_{x\to 0}f(x)=\lim\limits_{x\to 0}x^n\sin\frac{1}{x}=f(0)=0$时才可微

B. 在任何条件下都可微

C. 当且仅当$n>2$时才可微

D. 因为$\sin\frac{1}{x}$在$x=0$处无定义,所以不可微

(3)函数$y=f(x)$在某点处有增量$\Delta x=0.2$,对应的函数增量的主部等于0.8,则$f'(x)=$(　　).

A. 4　　B. 0.16　　C. 4　　D. 1.6

2. 填空题:

(1)d ________ $=2x\mathrm{d}x$.

(2)d ________ $=\cos t\mathrm{d}t$.

(3)d ________ $=\sin \omega x\mathrm{d}x$.

(4)d ________ $=\frac{1}{\sqrt{x}}\mathrm{d}x$.

(5)d ________ $=\mathrm{e}^{-x}\mathrm{d}x$.

3. 计算函数 $y=x^2-x$ 在 $x=10$ 处当 Δx 分别等于 0.1 和 0.01 时的微分.

4. 求下列函数的微分:

(1) $y=\dfrac{1}{x}+2\sqrt{x}$　　(2) $y=x\sin 2x$

(3) $y=\dfrac{x}{\sqrt{x^2+1}}$　　(4) $y=\ln^2(1-x)$

(5) $y=\arcsin(2x^2-1)$　　(6) $y=2\ln^2 x+x$

(7) $y=\ln(1+e^{x^2})$

5. 计算 $\sqrt[3]{996}$ 的近似值.

总习题2

1. 单项选择题

(1) 若 $\lim\limits_{k\to 0}\dfrac{f(x_0+h)-f(x_0-h)}{h}=A$,其中 A 代表的是(　　).

A. $A=2f'(x_0)$　　B. $A=\dfrac{1}{2}f'(x_0)$

C. $A=f'(x_0)+f'(-x_0)$　　D. $A=f'(x_0)-f'(-x_0)$

(2) 若 $f(x)$ 在 $x=x_0$ 处可导,则 $|f(x)|$ 在 $x=x_0$ 处(　　).

A. 可导　　B. 不可导

C. 连续但未必可导　　D. 不连续

(3) 设 $f'(x)=g(x)$,则 $\dfrac{d}{dx}f(\sin^2 x)=$(　　).

A. $2g(x)\sin x$　　B. $g(x)\sin^2 x$

C. $g(\sin^2 x)$　　D. $g(\sin^2 x)\sin 2x$

(4) 设 $y=x-\dfrac{1}{2}\sin x$,则 $\dfrac{dx}{dy}=$(　　).

A. $1-\dfrac{1}{2}\cos y$　　B. $1-\dfrac{1}{2}\cos x$

C. $\dfrac{2}{2-\cos y}$　　D. $\dfrac{2}{2-\cos x}$

(5)设 $y=x^n+a_1x^{n-1}+\cdots+a_n$,则 $y^{(n)}=($　　).

A. 0　　B. $(n-1)a$　　C. $(n-1)!$　　D. $n!$

(6)函数 $f(x)$ 在 $x=x_0$ 处连续是 $f(x)$ 在 $x=x_0$ 处可导的(　　).

A. 必要但非充分条件　　B. 充分但非必要条件

C. 充分必要条件　　D. 既非充分又非必要条件

(7)曲线 $y=\ln x$ 在点(　　)处的切线平行于直线 $y=2x-3$.

A. $\left(\frac{1}{2},-\ln 2\right)$　　B. $\left(\frac{1}{2},-\ln\frac{1}{2}\right)$

C. $(2,\ln 2)$　　D. $(2,-\ln 2)$

2. 填空题

(1)设 $f(x)=\cos x$,则 $f'\left(\frac{\pi}{2}\right)=$________.

(2)设 $f(x)=x^2$,则 $f'[f(x)]=$________.

(3)设函数 $y=f(-x^2)$,$dy=$________.

(4)$f(x)=x(x-1)(x-2)\cdots(x-9)$,则 $f'(0)=$________.

3. 求曲线 $f(x)=\ln x$ 上点 $M_0(e,1)$ 处的切线方程与法线方程.

4. 讨论函数 $f(x)=\begin{cases} x & x<-1 \\ x^2 & -1\leqslant x\leqslant 1 \\ 2x-1 & x>1 \end{cases}$ 在 $x=-1$,$x=1$ 处的可导性.

5. 已知摆线 $\begin{cases} x=a(\varphi-\sin\varphi) \\ y=a(1-\cos\varphi) \end{cases}$,求 $\frac{dy}{dx}$,$\frac{d^2y}{dx^2}$.

6. 求曲线 $y=x\ln x$ 的平行于直线 $2x-2y+3=0$ 的法线方程.

第3章　微分中值定理与导数的应用

本章首先将介绍微分学基本定理——中值定理,然后通过它建立适当的方法,利用导数讨论分析函数的性态,并利用这些知识解决一些实际问题.

3.1　中值定理

3.1.1　罗尔定理

为了更好地讨论罗尔定理,首先介绍费马引理.

费马引理　设函数$f(x)$在点x_0的某邻域$U(x_0,\delta)$内有定义,并且在x_0处可导,如果对任意$x\in U(x_0,\delta)$,有

$$f(x)\leqslant f(x_0)\ (\text{或}f(x)\geqslant f(x_0))\tag{3.1}$$

那么$f'(x_0)=0$.

证明从略.

通常称导数为0的点为**驻点**.

罗尔(Rolle)定理　如果函数$y=f(x)$在闭区间$[a,b]$上连续,在开区间(a,b)内可导,且有$f(a)=f(b)$,那么在(a,b)内至少有一点ξ,使得$f'(\xi)=0$.

证明　①如果$f(x)$是常函数,则$f'(x)\equiv 0$,定理的结论显然成立.

②如果$f(x)$不是常函数,则$f(x)$在(a,b)内至少有一个最大值点或最小值点,不妨设有一最大值点$\xi\in(a,b)$. 于是

$$f'(\xi)=f'_-(\xi)=\lim_{x\to\xi^-}\frac{f(x)-f(\xi)}{x-\xi}\geqslant 0$$

$$f'(\xi)=f'_+(\xi)=\lim_{x\to\xi^+}\frac{f(x)-f(\xi)}{x-\xi}\leqslant 0$$

因此,$f'(\xi)=0$.

例如,函数$f(x)=x^2-2x-3$在$[-1,3]$上连续,在$(-1,3)$上可导,$f(-1)=$

$f(3)=0$. 因为 $f'(x)=2(x-1)$,存在 $\xi=1(1\in(-1,3))$,使得 $f'(\xi)=0$.

罗尔定理的几何意义是:满足罗尔定理条件的函数 $f(x)$ 的曲线 C 上至少存在一点 M,在点 M 处的切线是水平的,如图 3.1 所示.

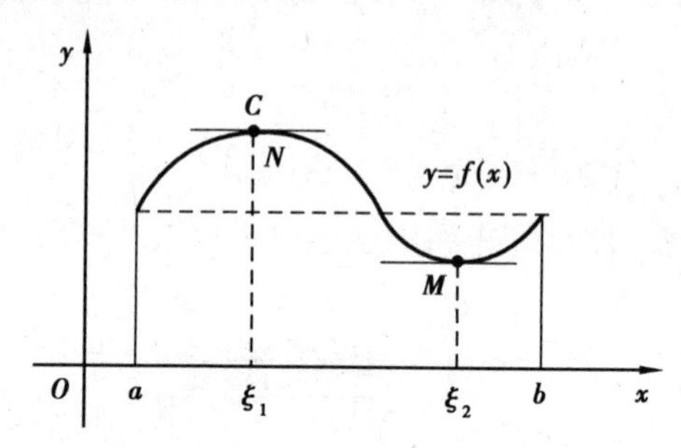

图 3.1

注 3.1 若罗尔定理的 3 个条件中有一个不满足,其结论可能不成立.

例 3.1 不求导数,判断函数 $f(x)=(x-1)(x+1)(x-2)$ 的导数有几个实根,给出实根的范围.

解 因为 $f(-1)=f(1)=f(2)=0$,$f(x)$ 在区间 $[-1,1]$,$[1,2]$ 上满足罗尔定理的条件.

因此,在 $(-1,1)$ 内存在一点 ξ_1,使得 $f'(\xi_1)=0$;

在 $(1,2)$ 内存在一点 ξ_2,使得 $f'(\xi_2)=0$;

由于 $f'(x)$ 是二次多项式,因此 $f'(x)$ 只能有两个根,分布在区间 $(-1,1)$ 和 $(1,2)$ 内.

3.1.2 拉格朗日中值定理

如果去掉罗尔定理的条件 $f(a)=f(b)$,则得到以下的**拉格朗日中值定理**:

拉格朗日(Lagrange)中值定理 设函数 $f(x)$ 在闭区间 $[a,b]$ 上连续,在开区间 (a,b) 内可导,那么在 (a,b) 内至少有一点 $\xi(a<\xi<b)$,使得等式

$$f(b)-f(a)=f'(\xi)(b-a) \tag{3.2}$$

成立.

证明 引进辅函数,即

$$\varphi(x)=f(x)-f(a)-\frac{f(b)-f(a)}{b-a}(x-a)$$

容易验证函数 $\varphi(x)$ 满足罗尔定理的条件:$\varphi(a)=\varphi(b)=0$,$\varphi(x)$ 在闭区间 $[a,b]$ 上连续,在开区间 (a,b) 内可导,且有

$$\varphi'(x)=f'(x)-\frac{f(b)-f(a)}{b-a}$$

根据罗尔定理可知,在开区间 (a,b) 内至少有一点 ξ,使 $\varphi'(\xi)=0$,即

$$f'(\xi)-\frac{f(b)-f(a)}{b-a}=0$$

由此得

$$\frac{f(b)-f(a)}{b-a}=f'(\xi)$$

即

$$f(b)-f(a)=f'(\xi)(b-a)$$

可得

$$f'(\xi)=\frac{f(b)-f(a)}{b-a} \tag{3.3}$$

拉格朗日中值定理的几何意义是:满足拉格朗日中值定理条件的函数 $f(x)$ 的曲线 C 上至少存在一点 M,在点 M 处的切线平行于连接两断点的弦. 如图 3.2 所示,图中满足定理的点有两个.

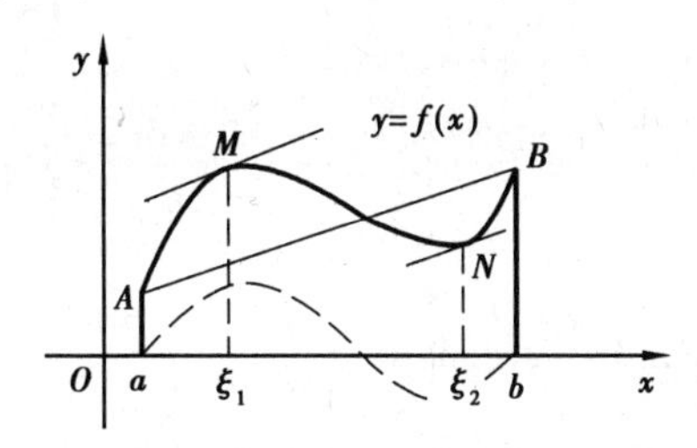

图 3.2

$f(b)-f(a)=f'(x)(b-a)$ 称为**拉格朗日中值公式**,简称**拉氏公式**.

根据拉格朗日中值定理,可得以下两个推论:

推论 3.1 如果函数 $f(x)$ 在区间 I 上的导数恒为零,那么 $f(x)$ 在区间 I 上是一个常数.

证明 在区间 I 上任取两点 $x_1,x_2(x_1<x_2)$,应用拉格朗日中值定理,得

$$f(x_2)-f(x_1)=f'(\xi)(x_2-x_1)\quad(x_1<\xi<x_2)$$

由于假定 $f'(\xi)=0$,因此 $f(x_2)-f(x_1)=0$,即

$$f(x_2)=f(x_1)$$

因为 x_1,x_2 是 I 上任意两点，所以上面的等式表明：$f(x)$ 在 I 上的函数值总是相等的，这就是说，$f(x)$ 在区间 I 上是一个常数.

推论 3.2 如果函数 $f(x)$ 和函数 $g(x)$ 在区间 (a,b) 内满足 $f'(x)=g'(x)$，则 $f(x)=g(x)+C$（C 为常数）.

证明 令 $\varphi(x)=f(x)-g(x)$，则 $\varphi'(x)=0$，根据推论 3.1，$\varphi(x)$ 为常数，于是得

$$f(x)=g(x)+C$$

注 3.2 拉氏公式对于 $b<a$ 也成立.

注 3.3 拉氏公式精确地表达了函数在一个区间上的增量与函数在这区间内某点处的导数之间的关系.

注 3.4 罗尔定理是拉格朗日中值定理当 $f(a)=f(b)$ 时的特殊情形.

例 3.2 证明 $\arcsin x+\arccos x=\dfrac{\pi}{2}, x\in[-1,1]$.

证明 设 $f(x)=\arcsin x+\arccos x, x\in[-1,1]$

因为 $f'(x)=\dfrac{1}{\sqrt{1-x^2}}+\left(-\dfrac{1}{\sqrt{1-x^2}}\right)=0$，所以 $f(x)\equiv C, x\in[-1,1]$，又因为

$$f(0)=\arcsin 0+\arccos 0=\frac{\pi}{2}$$

于是

$$\arcsin x+\arccos x=\frac{\pi}{2}\quad(-1\leqslant x\leqslant 1)$$

习题 3.1

1. 选择题：

(1) 下列 4 个函数中，在 $[-1,1]$ 上满足罗尔定理条件的函数是（　　）.

A. $y=8|x|+1$　　B. $y=4x^2+1$　　C. $y=\dfrac{1}{x^2}$　　D. $y=|\sin x|$

(2) 函数 $f(x)=\dfrac{1}{x}$ 满足拉格朗日中值定理条件的区间是（　　）.

A. $[-2,2]$ B. $[-2,0]$ C. $[1,2]$ D. $[0,1]$

(3)若对任意 $x\in(a,b)$,有 $f'(x)=g'(x)$,则( ).

A. 对任意 $x\in(a,b)$,有 $f(x)=g(x)$

B. 存在 $x_0\in(a,b)$,使 $f(x_0)=g(x_0)$

C. 对任意 $x\in(a,b)$,有 $f(x)=g(x)+C_0$(C_0 是某个常数)

D. 对任意 $x\in(a,b)$,有 $f(x)=g(x)+C$(C 是任意常数)

(4)设 $f(x)$ 在闭区间 $[-1,1]$ 上连续,在开区间 $(-1,1)$ 上可导,且 $|f'(x)|\leqslant M$, $f(0)=0$,则必有( ).

A. $|f(x)|\geqslant M$ B. $|f(x)|>M$

C. $|f(x)|\leqslant M$ D. $|f(x)|<M$

(5)若函数 $f(x)$ 在 $[a,b]$ 上连续,在 (a,b) 内可导,则( ).

A. 存在 $\theta\in(0,1)$,有 $f(b)-f(a)=f'(\theta(b-a))(b-a)$

B. 存在 $\theta\in(0,1)$,有 $f(a)-f(b)=f'(a+\theta(b-a))(b-a)$

C. 存在 $\theta\in(a,b)$,有 $f(a)-f(b)=f'(\theta)(a-b)$

D. 存在 $\theta\in(a,b)$,有 $f(b)-f(a)=f'(\theta)(a-b)$

(6)函数 $f(x)=\sqrt[3]{8x-x^2}$,则( ).

A. 在任意闭区间 $[a,b]$ 上罗尔定理一定成立

B. 在 $[0,8]$ 上罗尔定理不成立

C. 在 $[0,8]$ 上罗尔定理成立

D. 在任意闭区间上,罗尔定理都不成立

2. 验证 $F(x)=\ln\sin x$ 在 $\left[\frac{\pi}{6},\frac{5\pi}{6}\right]$ 上满足 Rolle 定理的条件,并在 $\left(\frac{\pi}{6},\frac{5\pi}{6}\right)$ 上,找出使 $f'(\xi)=0$ 的 ξ.

3. 验证函数 $f(x)=\arctan x$ 在 $[0,1]$ 上满足 Lagrange 中值定理的条件,并在区间 $(0,1)$ 内找出使 $f(b)-f(a)=f'(\xi)(b-a)$ 成立的 ξ.

4. 证明当 $x>0$ 时,$\frac{x}{1+x}<\ln(1+x)<x$.

3.2 洛必达法则

考虑形如 $\lim\frac{f(x)}{g(x)}$ 分式的极限时,如果分子分母都是无穷小或者无穷大,那么

$\lim \dfrac{f(x)}{g(x)}$可能存在,也可能不存在,把这种极限称为**未定式**,分别简记为$\dfrac{0}{0}$型或$\dfrac{\infty}{\infty}$型.下面仅讨论 $x \to a$ 时未定式的极限求法,其他类似.

(1)$\dfrac{0}{0}$型未定式

定理 3.1 若函数$f(x)$,$g(x)$满足:

①在 a 的去心邻域内可导,$g'(x) \neq 0$.

②$\lim\limits_{x \to a} f(x) = \lim\limits_{x \to a} g(x) = 0$.

③$\lim\limits_{x \to a} \dfrac{f'(x)}{g'(x)}$存在.

则

$$\lim_{x \to a} \frac{f(x)}{g(x)} = \lim_{x \to a} \frac{f'(x)}{g'(x)} \tag{3.4}$$

证明从略.

在直观上可理解为:两个无穷小量的比等于它们变化速度的比.可通过分子分母分别求导再求极限来确定未定式的极限的方法,称为**洛必达法则**.

注 3.5 极限 A 可以是有限数,也可以是∞或$\pm\infty$,结论仍成立.

注 3.6 对 $x \to \infty$,$x \to \pm\infty$,$x \to a^-$,$x \to a^+$ 时,定理条件作相应的改变后,结论仍成立.

注 3.7 如果$\lim\limits_{x \to a} \dfrac{f'(x)}{g'(x)}$还是$\dfrac{0}{0}$型未定式,且$f'(x)$和$g'(x)$仍然满足洛必达法则的条件,则可以继续使用洛必达法则,则有

$$\lim_{x \to a} \frac{f'(x)}{g'(x)} = \lim_{x \to a} \frac{f''(x)}{g''(x)}$$

例 3.3 求$\lim\limits_{x \to 0} \dfrac{\tan x}{x}$.

解 这是一个$\dfrac{0}{0}$型未定式的极限问题,满足洛必达法则的条件.

因此得

$$\lim_{x \to 0} \frac{\tan x}{x} = \lim_{x \to 0} \frac{(\tan x)'}{(x)'} = \lim_{x \to 0} \frac{\sec^2 x}{1} = 1$$

例 3.4 求$\lim\limits_{x\to 1}\dfrac{x^3-3x+2}{x^3-x^2-x+1}$.

解 这是一个$\dfrac{0}{0}$型未定式的极限问题,满足洛必达法则的条件.

因此,得

$$原式=\lim_{x\to 1}\frac{3x^2-3}{3x^2-2x-1}=\lim_{x\to 1}\frac{6x}{6x-2}=\frac{3}{2}$$

例 3.5 求$\lim\limits_{x\to+\infty}\dfrac{\dfrac{\pi}{2}-\arctan x}{\dfrac{1}{x}}$.

解

$$原式=\lim_{x\to+\infty}\frac{-\dfrac{1}{1+x^2}}{-\dfrac{1}{x^2}}=\lim_{x\to+\infty}\frac{x^2}{1+x^2}=1$$

(2)$\dfrac{\infty}{\infty}$**型未定式**

定理 3.2 若函数$f(x)$,$g(x)$满足:

①在a的去心邻域内可导;

②$\lim\limits_{x\to a}f(x)=\lim\limits_{x\to a}g(x)=\infty$;

③$\lim\limits_{x\to a}\dfrac{f'(x)}{g'(x)}$存在.

则

$$\lim_{x\to a}\frac{f(x)}{g(x)}=\lim_{x\to a}\frac{f'(x)}{g'(x)}\tag{3.5}$$

证明从略.

也可以理解为:两个无穷大量的比等于它们变化速度的比.

注 3.8 可以变形为$\dfrac{\infty}{\infty}=\dfrac{1/\infty}{1/\infty}=\dfrac{0}{0}$,因此利用洛必达法则求$\dfrac{\infty}{\infty}$和$\dfrac{0}{0}$型未定式的极限时,无本质上的区别.

例 3.6 求$\lim\limits_{x\to\frac{\pi}{2}}\dfrac{\tan x}{\tan 3x}$.

解 这是一个$\frac{\infty}{\infty}$型未定式的极限问题,满足洛必达法则的条件.

$$\text{原式}=\lim_{x\to\frac{\pi}{2}}\frac{\sec^2 x}{3\sec^2 3x}=\frac{1}{3}\lim_{x\to\frac{\pi}{2}}\frac{\cos^2 3x}{\cos^2 x}=\frac{1}{3}\lim_{x\to\frac{\pi}{2}}\frac{-6\cos 3x\sin 3x}{-2\cos x\sin x}$$

$$=\lim_{x\to\frac{\pi}{2}}\frac{\sin 6x}{\sin 2x}=\lim_{x\to\frac{\pi}{2}}\frac{6\cos 6x}{2\cos 2x}=3$$

洛必达法则是求未定式的一种有效方法,但与其他求极限方法结合使用,效果更好.

例 3.7 求$\lim\limits_{x\to 0}\frac{\tan x-x}{x^2\tan x}$.

解

$$\text{原式}=\lim_{x\to 0}\frac{\tan x-x}{x^3}=\lim_{x\to 0}\frac{\sec^2 x-1}{3x^2}$$

$$=\lim_{x\to 0}\frac{2\sec^2 x\tan x}{6x}=\frac{1}{3}\lim_{x\to 0}\frac{\tan x}{x}=\frac{1}{3}$$

(3)其他未定式

其他类型的未定式,可化为上述两种待定型解决.

$0\cdot\infty$未定式可化为$\frac{0}{0}$或$\frac{\infty}{\infty}$未定式.

若$\lim f(x)=0$,$\lim g(x)=\infty$,则

$$f(x)g(x)=\frac{f(x)}{\frac{1}{g(x)}}=\frac{g(x)}{\frac{1}{f(x)}}$$

$\infty-\infty$未定式可化为$\frac{0}{0}$未定式.

若$\lim f(x)=\lim g(x)=+\infty$,则

$$f(x)-g(x)=\frac{1}{\frac{1}{f(x)}}-\frac{1}{\frac{1}{g(x)}}=\frac{\frac{1}{g(x)}-\frac{1}{f(x)}}{\frac{1}{f(x)g(x)}}$$

1^∞未定式可化为$0\cdot\infty$未定式.

若$\lim f(x)=1$,$\lim g(x)=\infty$,则

$$f(x)^{g(x)}=e^{g(x)\ln f(x)}$$

0^0,∞^0未定式可化为$0\cdot\infty$未定式(同上).

例3.8 求$\lim\limits_{x\to+\infty} x^{-2}e^x$.

解 这是一个$0\cdot\infty$型未定式的极限问题,即

$$原式=\lim_{x\to+\infty}\frac{e^x}{2x}=\lim_{x\to+\infty}\frac{e^x}{2}=+\infty$$

或者说极限不存在.

例3.9 求$\lim\limits_{x\to0}\left(\frac{1}{\sin x}-\frac{1}{x}\right)$.

解 这是一个$\infty-\infty$型未定式的极限问题,即

$$原式=\lim_{x\to0}\frac{x-\sin x}{x\cdot\sin x}=\lim_{x\to0}\frac{1-\cos x}{\sin x+x\cos x}$$

$$=\lim_{x\to0}\frac{\sin x}{2\cos x-x\sin x}=0$$

例3.10 求$\lim\limits_{x\to0^+} x^x$.

解 这是一个0^0型未定式的极限问题,即

$$原式=\lim_{x\to0^+}e^{x\ln x}=e^{\lim\limits_{x\to0^+}x\ln x}=e^{\lim\limits_{x\to0^+}\frac{\ln x}{\frac{1}{x}}}=e^{\lim\limits_{x\to0^+}\frac{\frac{1}{x}}{-\frac{1}{x^2}}}=e^0=1$$

注3.9 在$\frac{0}{0}$或$\frac{\infty}{\infty}$待定型中,$\lim\frac{f'(x)}{g'(x)}$不存在,不能断言$\lim\frac{f(x)}{g(x)}$不存在!

注3.10 连续多次使用洛比达法则时,每次都要检查是否满足定理条件. 只有待定型才能用洛必达法则,否定会得到荒谬的结果.

习题3.2

1. 选择题:

(1)求极限$\lim\limits_{x\to0}\dfrac{x^2\sin\frac{1}{x}}{\sin x}$时,下列各种解法正确的是(　　).

A. 用洛必达法则后,求得极限为0

B. 因为$\lim\limits_{x\to0}\frac{1}{x}$不存在,所以上述极限不存在

C. 原式$=\lim\limits_{x\to0}\frac{x}{\sin x}\cdot x\sin\frac{1}{x}=0$

D. 由于不能用洛必达法则,故极限不存在

(2)设$\lim\limits_{x \to x_0} \dfrac{f(x)}{g(x)}$为未定型,则$\lim\limits_{x \to x_0} \dfrac{f'(x)}{g'(x)}$存在是$\lim\limits_{x \to x_0} \dfrac{f(x)}{g(x)}$也存在的( ).

A. 必要条件　　B. 充分条件

C. 充分必要条件　　D. 既非充分也非必要条件

2. 用洛必达法则求下列各极限:

(1)$\lim\limits_{x \to 0} \dfrac{\ln(1+x)}{x}$　　(2)$\lim\limits_{x \to 0} \dfrac{1-\cos x}{x^2}$

(3)$\lim\limits_{x \to 0^+} \dfrac{\ln \sin 3x}{\ln \sin x}$　　(4)$\lim\limits_{x \to 0} \dfrac{e^x - e^{-x}}{\sin x}$

(5)$\lim\limits_{x \to 0} x^2 e^{1/x^2}$　　(6)$\lim\limits_{x \to 0^+} x^{\varepsilon} \ln x$

(7)$\lim\limits_{x \to 1^+} \ln x \cdot \ln(x-1)$　　(8)$\lim\limits_{x \to 1} \left(\dfrac{x}{x-1} - \dfrac{1}{\ln x}\right)$

(9)$\lim\limits_{x \to 0^+} \dfrac{\sqrt{x}}{1-e^{2\sqrt{x}}}$　　(10)$\lim\limits_{x \to +\infty} \dfrac{x^n}{a^x}(a>1, n>0)$

3.3 泰勒公式

由于泰勒公式在实际问题的近似计算中有着广泛的应用,本节将作简单的介绍.

泰勒中值定理　如果函数$f(x)$在含有x_0的某个开区间(a,b)内具有直到$(n+1)$阶的导数,则当$x \in (a,b)$内时,$f(x)$可以表示为$(x-x_0)$的一个n次多项式与一个余项$R_n(x)$之和,即

$$f(x) = f(x_0) + f'(x_0)(x-x_0) + \frac{1}{2!}f''(x_0)(x-x_0)^2 + \cdots + \frac{1}{n!}f^{(n)}(x_0)(x-x_0)^n + R_n(x) \tag{3.6}$$

其中

$$R_n(x) = \frac{f^{(n+1)}(\xi)}{(n+1)!}(x-x_0)^{n+1}(\xi \text{介于} x_0 \text{与} x \text{之间})$$

式(3.6)中多项式

$$P_n(x) = f(x_0) + f'(x_0)(x-x_0) + \frac{1}{2!}f''(x_0)(x-x_0)^2 + \cdots +$$

$$\frac{1}{n!}f^{(n)}(x_0)(x-x_0)^n \tag{3.7}$$

称为函数$f(x)$按$(x-x_0)$的幂展开的n次近似多项式,公式

$$f(x)=f(x_0)+f'(x_0)(x-x_0)+\frac{1}{2!}f''(x_0)(x-x_0)^2+\cdots+$$

$$\frac{1}{n!}f^{(n)}(x_0)(x-x_0)^n+R_n(x)$$

称为$f(x)$按$(x-x_0)$的幂展开的n**阶泰勒公式**. 其中

$$R_n(x)=\frac{f^{(n+1)}(\xi)}{(n+1)!}(x-x_0)^{n+1}(\xi\text{介于}x\text{与}x_0\text{之间}) \tag{3.8}$$

称为**拉格朗日型余项**.

当$n=0$时,泰勒公式变成拉格朗日中值公式,即

$$f(x)=f(x_0)+f'(\xi)(x-x_0)\quad(\xi\text{在}x_0\text{与}x\text{之间})$$

因此,泰勒中值定理是拉格朗日中值定理的推广.

如果对于某个固定的n,当x在区间(a,b)内变动时,$|f^{(n+1)}(x)|$总不超过一个常数M,则有估计式为

$$|R_n(x)|=\left|\frac{f^{(n+1)}(\xi)}{(n+1)!}(x-x_0)^{n+1}\right|\leqslant\frac{M}{(n+1)!}|x-x_0|^{n+1} \tag{3.9}$$

根据拉格朗日余项,有

$$\lim_{x\to x_0}\frac{R_n(x)}{(x-x_0)^n}=0 \tag{3.10}$$

由式(3.10)可知,当$x\to x_0$时,误差$|R_n(x)|$是比$(x-x_0)^n$高阶的无穷小,即

$$R_n(x)=o(x-x_0)^n \tag{3.11}$$

因此,n阶泰勒公式也可写为

$$f(x)=f(x_0)+f'(x_0)(x-x_0)+\frac{1}{2!}f''(x_0)(x-x_0)^2+\cdots+$$

$$\frac{1}{n!}f^{(n)}(x_0)(x-x_0)^n+o(x-x_0)^n \tag{3.12}$$

当$x_0=0$时的泰勒公式称为**麦克劳林公式**,即

$$f(x)=f(0)+f'(0)x+\frac{f''(0)}{2!}x^2+\cdots+\frac{f^{(n)}(0)}{n!}x^n+R_n(x) \tag{3.13}$$

其中

$$R_n(x) = \frac{f^{(n+1)}(\xi)}{(n+1)!}x^{n+1}$$

或

$$f(x) = f(0) + f'(0)x + \frac{f''(0)}{2!}x^2 + \cdots + \frac{f^{(n)}(0)}{n!}x^n + o(x^n) \tag{3.14}$$

由此得近似公式为

$$f(x) \approx f(0) + f'(0)x + \frac{f''(0)}{2!}x^2 + \cdots + \frac{f^{(n)}(0)}{n!}x^n \tag{3.15}$$

麦克劳林公式误差估计式为

$$|R_n(x)| = \frac{M}{(n+1)!}|x|^{n+1} \tag{3.16}$$

其中,M 为 $|f^{(n+1)}(x)|$ 的上界.

例 3.11 写出函数 $f(x) = e^x$ 的 n 阶麦克劳林公式.

解 因为

$$f(x) = f'(x) = f''(x) = \cdots = f^{(n)}(x) = e^x$$

所以

$$f(0) = f'(0) = f''(0) = \cdots = f^{(n)}(0) = 1$$

于是

$$e^x = 1 + x + \frac{1}{2!}x^2 + \cdots + \frac{1}{n!}x^n + \frac{e^{\theta x}}{(n+1)!}x^{n+1}(0 < \theta < 1)$$

并有

$$e^x \approx 1 + x + \frac{1}{2!}x^2 + \cdots + \frac{1}{n!}x^n$$

这时所产生的误差为

$$|R_n(x)| = \left|\frac{e^{\theta x}}{(n+1)!}x^{n+1}\right| < \frac{e^{|x|}}{(n+1)!}|x|^{n+1}$$

当 $x = 1$ 时,可得 e 的近似式为

$$e \approx 1 + 1 + \frac{1}{2!} + \cdots + \frac{1}{n!}$$

其误差为

$$|R_n| < \frac{e}{(n+1)!} < \frac{3}{(n+1)!}$$

常见函数的麦克劳林公式如下:

$$e^x = 1 + x + \frac{x^2}{2!} + \cdots + \frac{x^n}{n!} + o(x^n) \tag{3.17}$$

$$\sin x = x - \frac{x^3}{3!} + \frac{x^5}{5!} + \cdots + (-1)^{m-1}\frac{x^{2m-1}}{(2m-1)!} + o(x^{2m}) \tag{3.18}$$

$$\cos x = 1 - \frac{x^2}{2!} + \frac{x^4}{4!} + \cdots + (-1)^m\frac{x^{2m}}{(2m)!} + o(x^{2m+1}) \tag{3.19}$$

$$\ln(1+x) = x - \frac{x^2}{2} + \frac{x^3}{3} + \cdots + (-1)^{n-1}\frac{x^n}{n} + o(x^n) \tag{3.20}$$

$$(1+x)^\alpha = 1 + \alpha x + \frac{\alpha(\alpha-1)}{2!}x^2 + \cdots + \frac{\alpha(\alpha-1)\cdots(\alpha-n+1)}{n!}x^n + o(x^n) \tag{3.21}$$

$$\frac{1}{1-x} = 1 + x + x^2 + \cdots + x^n + o(x^n) \tag{3.22}$$

习题 3.3

1. 当 $x_0=4$ 时,求函数 $y=\sqrt{x}$的三阶 Taylor 公式.
2. 应用麦克劳林公式,将函数$f(x)=(x^3-3x+1)^3$ 表示为 x 的多项式.

3.4 函数单调性的判别

一个函数在某个区间内单调增减性的变化规律,是研究函数特性时要考虑的重要问题.如果函数 $y=f(x)$在$[a,b]$上单调增加(单调减少),那么它的图形是一条沿 x 轴正向上升(下降)的曲线.由于中值定理建立起了函数值与导数之间的联系,使得利用导数来研究函数的性态成为可能.下面利用导数来讨论函数的单调性.

定理 3.3 设函数 $y=f(x)$在$[a,b]$上连续,在(a,b)内可导.

①如果在(a,b)内$f'(x)>0$,那么函数 $y=f(x)$在$[a,b]$上单调增加(见图 3.3).

②如果在(a,b)内$f'(x)<0$,那么函数 $y=f(x)$在$[a,b]$上单调减少(如图 3.4).

证明 只证①,②类似证明.在$[a,b]$上任取两点 x_1、x_2($x_1<x_2$),应用拉格朗日中值定理,得

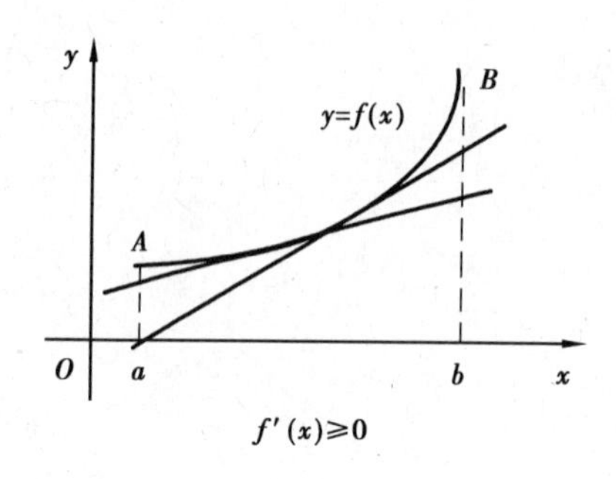

图 3.3

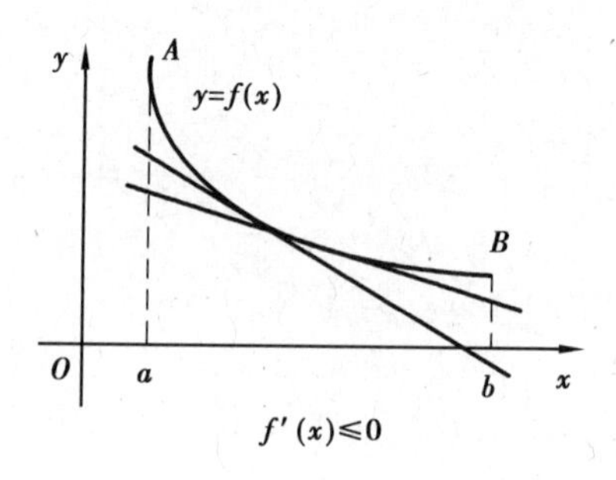

图 3.4

$$f(x_2)-f(x_1)=f'(\xi)(x_2-x_1)\quad(x_1<\xi<x_2)$$

由于在上式中，$x_2-x_1>0$，因此，如果在(a,b)内$f'(x)>0$，那么也有$f'(\xi)>0$. 于是

$$f(x_2)-f(x_1)=f'(\xi)(x_2-x_1)>0$$

即

$$f(x_1)<f(x_2)$$

因此，函数$y=f(x)$在$[a,b]$上单调增加.

注 3.11　该定理为函数的单调性提供了判别方法，判别法中的闭区间可换成其他各种区间.

注 3.12　函数的单调性是一个区间上的性质，要用导数在这一区间上的符号来判定，而不能用一点处的导数符号来判别一个区间上的单调性.

例 3.12　判定函数$f(x)=x+\cos x\ (0\leqslant x\leqslant 2\pi)$的单调性.

解　因为$f'(x)=1-\sin x\geqslant 0$，所以$f(x)=x+\cos x$在$[0,2\pi]$上是单调增加的.

例 3.13　讨论函数$y=e^x-x-1$的单调性.

解
$$y'=e^x-1.$$

函数$y=e^x-x-1$的定义域为$(-\infty,+\infty)$. 因为在$(-\infty,0)$内$y'<0$，所以函数$y=e^x-x-1$在$(-\infty,0]$上单调减少；在$(0,+\infty)$内$y'>0$，所以函数$y=e^x-x-1$在$[0,+\infty)$上单调增加.

例 3.14　确定函数$y=2x^3-6x^2-18x-7$的单调区间.

解　$y'=6x^2-12x-18=6(x-3)(x+1)=0$

令$y'=0$得驻点$x_1=-1$，$x_2=3$. 列表如下：

x	$(-\infty,-1)$	-1	$(-1,3)$	3	$(3,+\infty)$
y'	+	0	-	0	+
y	↗		↘		↗

可见函数在$(-\infty,-1]$和$[3,+\infty)$内单调增加,在$(-1,3)$内单调减少.

例 3.15 证明:当 $x>0$ 时, $\sqrt{1+x}<1+\frac{1}{2}x$.

证明 设$f(x)=1+\frac{1}{2}x-\sqrt{1+x}$,则$f(x)$在$[0,+\infty)$内是连续的. 因为

$$f'(x)=\frac{1}{2}-\frac{1}{2\sqrt{1+x}}=\frac{\sqrt{1+x}-1}{2\sqrt{1+x}}>0$$

所以$f(x)$在$(0,+\infty)$内是单调增加的,从而当 $x>0$ 时$f(x)>f(0)=0$,即

$$1+\frac{1}{2}x-\sqrt{1+x}>0$$

上式整理后,得

$$\sqrt{1+x}<1+\frac{1}{2}x$$

习题 3.4

1. 选择题:

(1)已知$f(x)$在$[a,b]$上连续,在(a,b)内可导,且当 $x\in(a,b)$时,有$f'(x)>0$,又已知$f(a)<0$,则(　　).

A. $f(x)$在$[a,b]$上单调增加,且$f(b)>0$

B. $f(x)$在$[a,b]$上单调减少,且$f(b)<0$

C. $f(x)$在$[a,b]$上单调增加,且$f(b)<0$

D. $f(x)$在$[a,b]$上单调增加,但$f(b)$正负号无法确定

(2)设函数 $y=\frac{2x}{1+x^2}$,在(　　).

A. $(-\infty,+\infty)$单调增加

B. $(-\infty,+\infty)$单调减少

C. $(-1,1)$单调增加,其余区间单调减少

D. $(-1,1)$单调减少,其余区间单调增加

2. 判定函数 $y=x-\sin x$ 在$[0,2\pi]$上的单调性.

3. 证明:$y=x^3+x$ 单调增加.

4. 求下列函数的单调区间:

(1)$y=x^3-6x^2-15x+2$　　(2)$y=\dfrac{10}{4x^3-9x^2+6x}$

(3)$y=2x^2-\ln x$　　(4)$y=\ln(x+\sqrt{1+x^2})$

5. 证明:当 $x>1$ 时,$2\sqrt{x}>3-\dfrac{1}{x}$.

3.5 函数的极值

在上节例 3.14 中,$x_1=-1$ 和 $x_2=3$ 两点将函数 $y=2x^3-6x^2-18x-7$ 的定义域$(-\infty,+\infty)$分为 3 个小区间$(-\infty,-1)$,$[-1,3]$,$(3,+\infty)$,使函数分别在这 3 个小区间上单调递增、单调递减、单调递增. 不难得出,$x=-1$ 是函数由增变减的转折点,在 $x=-1$ 的一个较小邻域内,$x=-1$ 处的函数值比周围其他点处的函数值大;$x=3$ 是函数由减变增的转折点,在 $x=3$ 的一个较小邻域内,$x=3$ 处的函数值比周围其他点处的函数值小. 在很小的邻域内考虑函数的取值大小就是本节要讨论的极值问题.

设函数 $f(x)$ 在区间(a,b)内有定义,$x_0\in(a,b)$. 如果在 x_0 的某一去心邻域内有 $f(x)<f(x_0)$,则称 $f(x_0)$ 是函数 $f(x)$ 的一个极大值;如果在 x_0 的某一去心邻域内有 $f(x)>f(x_0)$,则称 $f(x_0)$ 是函数 $f(x)$ 的一个极小值,如图 3.5 所示.

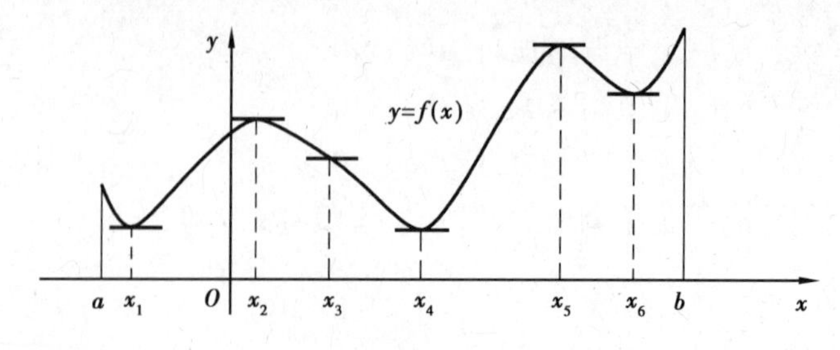

图 3.5

函数的极大值与极小值统称为**函数的极值**，使函数取得极值的点称为**极值点**.

函数的极大值和极小值概念是局部性的. 如果 $f(x_0)$ 是函数 $f(x)$ 的一个极大值，那只是就 x_0 附近的一个局部范围来说，$f(x_0)$ 是 $f(x)$ 的一个最大值；如果就 $f(x)$ 的整个定义域来说，$f(x_0)$ 不一定是最大值. 关于极小值也类似.

极值与水平切线的关系：在函数取得极值处，曲线上的切线是水平的. 但曲线上有水平切线的地方，函数不一定取得极值.

定理 3.4（必要条件） 设函数 $f(x)$ 在点 x_0 处可导，且在 x_0 处取得极值，那么该函数在 x_0 处的导数为零，即 $f'(x_0)=0$.

证明 为确定起见，假定 $f(x_0)$ 是极大值（极小值的情形可类似地证明）. 根据极大值的定义，在 x_0 的某个去心邻域内，对于任何点 x，$f(x)<f(x_0)$ 均成立. 于是：

当 $x<x_0$ 时，有

$$\frac{f(x)-f(x_0)}{x-x_0}>0$$

因此

$$f'(x_0)=\lim_{x\to x_0^-}\frac{f(x)-f(x_0)}{x-x_0}\geqslant 0$$

当 $x>x_0$ 时，有

$$\frac{f(x)-f(x_0)}{x-x_0}<0$$

因此

$$f'(x_0)=\lim_{x\to x_0^+}\frac{f(x)-f(x_0)}{x-x_0}\leqslant 0$$

从而得

$$f'(x_0)=0$$

注 3.13 可导函数 $f(x)$ 的极值点必定是函数的驻点. 但反过来，函数 $f(x)$ 的驻点却不一定是极值点. 例如，$f(x)=x^3$ 在 $x=0$ 处 $f'(0)=0$，$x=0$ 是驻点，但不是极值点.

注 3.14 定理 3.4 是对可导函数而言的，在导数不存在的点，函数也可能有极值. 例如，$y=x^{\frac{2}{3}}$，$y'=\frac{2}{3}x^{-\frac{1}{3}}$，$y'(0)$ 不存在，但 $x=0$ 是函数的极小值点.

定理3.5(**第一充分条件**)　设函数$f(x)$在点x_0的一个邻域内连续,在x_0的左右邻域内可导.

①如果在x_0的某一左邻域内$f'(x)>0$,在x_0的某一右邻域内$f'(x)<0$,那么函数$f(x)$在x_0处取得极大值。

②如果在x_0的某一左邻域内$f'(x)<0$,在x_0的某一右邻域内$f'(x)>0$,那么函数$f(x)$在x_0处取得极小值。

③如果在x_0的某一邻域内$f'(x)$不改变符号,那么函数$f(x)$在x_0处没有极值.

证明从略.

注3.15　简单地说,当x从小到大经过点x_0时,导数$f'(x)$的符号由正变负,则点x_0为函数$f(x)$的极大值点;导数$f'(x)$的符号由负变正,则点x_0为函数$f(x)$的极小值点.

例3.16　求函数$y=2x^3-6x^2-18x+7$的极值.

解　函数的定义域为$(-\infty,+\infty)$,$y'=6x^2-12x-18=6(x^2-2x-3)=6(x-3)(x+1)$,驻点为$x_1=-1,x_2=3$. 列表如下:

x	$(-\infty,-1)$	-1	$(-1,3)$	3	$(3,+\infty)$
y'	+	0	−	0	+
y	↗	17 极大值	↘	−47 极小值	↗

可知,函数在$x=-1$处取得极大值17,在$x=3$处取得极小值-47.

例3.17　求函数$y=x-\ln(1+x)$的极值.

解　函数的定义域为$(-1,+\infty)$,$y'=1-\dfrac{1}{1+x}=\dfrac{x}{1+x}$,驻点为$x=0$,$x=-1$为导数不存在的点. 列表如下:

x	$(-1,0)$	0	$(0,+\infty)$
y'	−	0	+
y	↘	0 极小值	↗

因为当$-1<x<0$时,$y'<0$;当$x>0$时,$y'>0$. 所以函数在$x=0$处取得极小

值,极小值为 $y(0)=0$.

从上面两例可以总结出以下确定极值点和极值的步骤:

①求出导数 $f'(x)$.

②求出 $f(x)$ 的全部驻点和不可导点.

③列表判断(考察 $f'(x)$ 的符号在每个驻点和不可导点的左右邻域的情况,以便确定该点是否是极值点,如果是极值点,还要按定理3.5确定对应的函数值是极大值还是极小值).

④确定出函数的所有极值点和极值.

定理3.6(第二充分条件) 设函数 $f(x)$ 在点 x_0 处具有二阶导数且 $f'(x_0)=0, f''(x_0)\neq 0$,那么:

①当 $f''(x_0)<0$ 时,函数 $f(x)$ 在 x_0 处取得极大值.

②当 $f''(x_0)>0$ 时,函数 $f(x)$ 在 x_0 处取得极小值.

证明 在情形①,由于 $f''(x_0)<0$,按二阶导数的定义有

$$f''(x_0)=\lim_{x\to x_0}\frac{f'(x)-f'(x_0)}{x-x_0}<0$$

根据函数极限的局部保号性,当 x 在 x_0 的足够小的去心邻域内时,有

$$\frac{f'(x)-f'(x_0)}{x-x_0}<0$$

但 $f'(x_0)=0$,因此上式即

$$\frac{f'(x)}{x-x_0}<0$$

从而知道,对于这个去心邻域内的 x 来说,$f'(x)$ 与 $x-x_0$ 符号相反. 因此,当 $x-x_0<0$ 即 $x<x_0$ 时,$f'(x)>0$;当 $x-x_0>0$ 即 $x>x_0$ 时,$f'(x)<0$. 根据定理3.5,$f(x)$ 在点 x_0 处取得极大值.

类似可以证明情形②.

注3.16 定理3.6表明,如果函数 $f(x)$ 在驻点 x_0 处的二阶导数 $f''(x_0)\neq 0$,那么点 x_0 一定是极值点,并且可按二阶导数 $f''(x_0)$ 的符号来判定 $f(x_0)$ 是极大值还是极小值.

注3.17 当 $f''(x_0)=0$ 时,则不能用定理3.6判定极值.

例3.18 求函数 $f(x)=x^3+3x^2-24x-20$ 的极值.

解 $f'(x)=3x^2+6x-24=3(x+4)(x-2)$,求得驻点 $x_1=-4, x_2=2$.

因为$f''(x)=6x+6$,所以

$$f''(-4)=-18<0$$

故有极大值$f(-4)=60$.

又

$$f''(2)=18>0$$

故有极小值$f(2)=-48$.

习题 3.5

1. 选择题:

(1)函数$f(x)=3x^5-5x^3$在R上有(   ).

A. 4 个极值点　　B. 3 个极值点　　C. 两个极值点　　D. 一个极值点

(2)函数$f(x)=x+\dfrac{1}{x}$的极大值是(   ).

A. -1　　B. 1　　C. -2　　D. 2

(3)设函数$y=f(x)$在$x=x_0$处有$f'(x_0)=0$,在$x=x_1$处$f'(x_1)$不存在,则(   ).

A. $x=x_0$及$x=x_1$一定都是极值点

B. 只有$x=x_0$是极值点

C. $x=x_0$与$x=x_1$都可能不是极值点

D. $x=x_0$与$x=x_1$至少有一个点是极值点

2. 填空题:

(1)极值反映的是函数的________性质.

(2)若函数$y=f(x)$在$x=x_0$处可导,则它在x_0取得极值的必要条件为________.

3. 求下列函数的极值:

(1)$(x^2-1)^3+1$　　(2)$y=x-\ln(1+x^2)$

(3)$y=e^x\cos x$　　(4)$y=2e^x+e^{-x}$

(5)$y=\dfrac{3x^2+4x+4}{x^2+x+1}$　　(6)$y=x^{\frac{1}{x}}$

(7)$f(x)=(x-4)\sqrt[3]{(x+1)^2}$

3.6 函数的最值

在科学实验和生产生活中,经常遇到“最大”“最小”“最高”“最快”等问题,这类问题在数学上往往归结为求某函数的最值(最大值和最小值)问题. 函数的最大值、最小值与极大值、极小值,一般来说是不同的.

根据最大值、最小值定理,如果函数 $f(x)$ 在闭区间 $[a,b]$ 上连续,则函数的最大值和最小值一定存在. 函数的最大值和最小值有可能在区间的端点取得,如果最大值不在区间的端点取得,则必在开区间 (a,b) 内取得,在这种情况下,最大值一定是函数的极大值. 因此,函数在闭区间 $[a,b]$ 上的最大值一定是函数的所有极大值和函数在区间端点的函数值中最大者. 同理,函数在闭区间 $[a,b]$ 上的最小值一定是函数的所有极小值和函数在区间端点的函数值中最小者.

因此,最大值和最小值的求法如下:

①求驻点和不可导点.

②求区间端点及驻点和不可导点的函数值,比较大小,最大那个就是最大值,最小那个就是最小值.

注 3.18 如果区间内只有一个极值,则这个极值就是最值(最大值或最小值).

注 3.19 极值是局部性概念,而最值是全局性概念,最值考虑的是整个区间上函数值的最大值和最小值.

注 3.20 如果函数 $f(x)$ 在闭区间 $[a,b]$ 连续且单调增加,则 $f(a)$ 为最小值, $f(b)$ 为最大值;如果函数 $f(x)$ 在闭区间 $[a,b]$ 连续且单调减少,则 $f(b)$ 为最小值, $f(a)$ 为最大值.

例 3.19 求函数 $y=2x^3+3x^2-12x+14$ 在 $[-3,4]$ 的最大值与最小值.

解 因为 $f'(x)=6(x+2)(x-1)$,所以在 $(-3,4)$ 内, $f(x)$ 的驻点为 $x_1=-2$, $x_2=1$.

计算驻点和端点处的函数值为

$$f(-3)=23,f(-2)=34,f(1)=7,f(4)=142$$

于是最大值为 $f(4)=142$,最小值为 $f(1)=7$.

例 3.20 求函数 $y=x+\sqrt{1-x}$ 在 $[-5,1]$ 的最大值与最小值.

解 $y'=1-\dfrac{1}{2\sqrt{1-x}}$，令 $y'=0$，得驻点 $x=\dfrac{3}{4}$，不可导点为 $x=1$，计算区间端点及驻点和不可导点的函数值，得

$$y(-5)=-5+\sqrt{6},y\left(\frac{3}{4}\right)=\frac{5}{4},\ y(1)=1$$

经比较得出函数的最小值为 $y(-5)=-5+\sqrt{6}$，最大值为

$$y\left(\frac{3}{4}\right)=\frac{5}{4}$$

对于实际问题，求最值的步骤如下：

①建立目标函数.

②求最值.

注 3.21 若实际问题的目标函数只有唯一的驻点，则该驻点的函数值就是所求的最值.

例 3.21 设有一个长 8 cm 和宽 5 cm 的矩形铁片，在 4 个角上切去大小相同的小正方形. 问切去的小正方形的边长为多少厘米时，才能使剩下的铁片折成开口盒子的容积最大？并求开口盒子容积的最大值.

解 设切去的小正方形的边长为 x cm，则盒子的容积为

$$v=x(8-2x)(5-2x)\qquad\left(0<x<\frac{5}{2}\right)$$

于是问题就转为求 v 在 $\left(0,\dfrac{5}{2}\right)$ 的最值.

令

$$\begin{aligned}v'&=(8-2x)(5-2x)-2x(5-2x)-2x(8-2x)\\&=4(x-1)(3x-10)=0\end{aligned}$$

解出驻点为

$$x_1=1,x_2=\frac{10}{3}$$

其中，$x_2=\dfrac{10}{3}$ 不在定义域 $\left(0,\dfrac{5}{2}\right)$ 范围内，应该舍去.

因此，只有唯一驻点 $x_1=1$，于是 $x_1=1$ 就是最大值点，其最大值为

$$v(1)=18$$

因此，当去的小正方形的边长为 1 cm 时，才能使剩下的铁片折成开口盒子的

容积最大,最大值为 18 cm^3.

习题 3.6

1. 求下列函数在指定区间上的最大值和最小值:

(1) $y=x^4-8x^2+2 \quad [-1,3]$;

(2) $y=\sin 2x-x, \left[-\frac{\pi}{2},\frac{\pi}{2}\right]$;

(3) $f(x)=|x^2-3x+2| \quad [-3,4]$.

2. 设一球的半径为 R,内接于此球的圆柱体的高为 h. 问 h 为多大时圆柱的体积最大?

3.7　曲线的凹凸与拐点

在研究函数的性态时,只知道函数的增减性、极值和最值是不够的,有时还会考虑曲线弯曲的方向. 有时图形上任意弧段位于所张弦的下方(向下弯曲,见图 3.6),有时图形上任意弧段位于所张弦的上方(向上弯曲,见图 3.7),这就是曲线的凹凸问题.

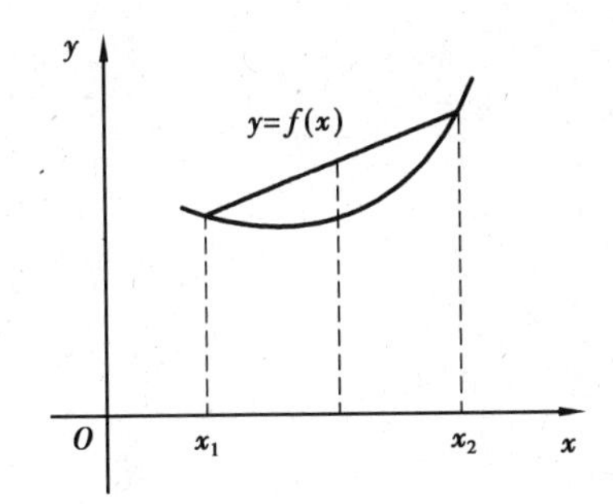

图 3.6

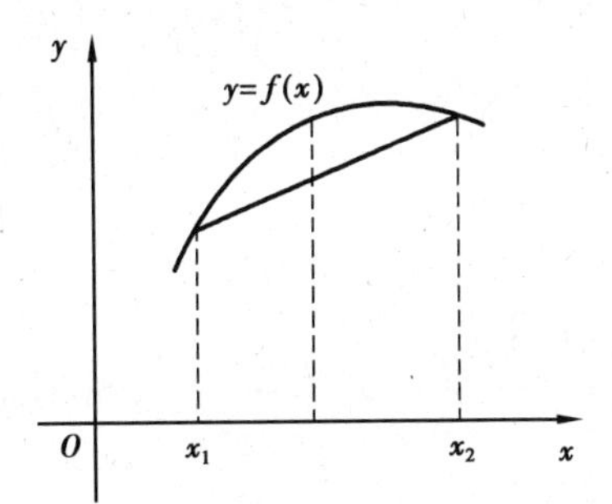

图 3.7

设 $f(x)$ 在区间 I 上连续,如果对 I 上任意两点 x_1, x_2,恒有

$$f\left(\frac{x_1+x_2}{2}\right)<\frac{f(x_1)+f(x_2)}{2} \tag{3.23}$$

则称 $f(x)$ 在 I 上的图形是**凹的**;如果恒有

$$f\left(\frac{x_1+x_2}{2}\right)>\frac{f(x_1)+f(x_2)}{2} \tag{3.24}$$

则称$f(x)$在I上的图形是**凸的**.

该定义也可简要叙述如下：

设函数$y=f(x)$在区间I上连续，如果函数的曲线位于其上任意一点的切线的上方，则称该曲线在区间I上是凹的；如果函数的曲线位于其上任意一点的切线的下方，则称该曲线在区间I上是凸的.

利用函数的二阶导数，可以得到曲线凹凸的判定方法.

定理 3.7 设$f(x)$在$[a,b]$上连续，在(a,b)内具有一阶和二阶导数，那么：

①若在(a,b)内$f''(x)>0$，则$f(x)$在$[a,b]$上的图形是凹的.

②若在(a,b)内$f''(x)<0$，则$f(x)$在$[a,b]$上的图形是凸的.

证明 只证①，设有两个点x_1，x_2，$x_1,x_2\in[a,b]$，且$x_1<x_2$，记$x_0=\frac{x_1+x_2}{2}$.

由拉格朗日中值公式，得

$$f(x_1)-f(x_0)=f'(\xi_1)(x_1-x_0)=f'(\xi_1)\frac{x_1-x_2}{2}\quad(x_1<\xi_1<x_0)$$

$$f(x_2)-f(x_0)=f'(\xi_2)(x_2-x_0)=f'(\xi_2)\frac{x_2-x_1}{2}\quad(x_0<\xi_2<x_2)$$

两式相加并应用拉格朗日中值公式，得

$$\begin{aligned}f(x_1)+f(x_2)-2f(x_0)&=[f'(\xi_2)-f'(\xi_1)]\frac{x_2-x_1}{2}\\&=f''(\xi)(\xi_2-\xi_1)\frac{x_2-x_1}{2}>0\quad(\xi_1<\xi<\xi_2)\end{aligned}$$

即$\frac{f(x_1)+f(x_2)}{2}>f\left(\frac{x_1+x_2}{2}\right)$，因此$f(x)$在$[a,b]$上的图形是凹的.

类似可证明②.

连续曲线$y=f(x)$凹凸的分界点称为该曲线的拐点.

根据定理 3.7，确定曲线$y=f(x)$的凹凸区间和拐点的步骤如下：

①确定函数$y=f(x)$的定义域.

②求出二阶导数$f''(x)$.

③求使二阶导数为零的点和使二阶导数不存在的点.

④判断或列表判断，确定出曲线凹凸区间和拐点.

注 3.22 根据具体情况第①步和第③步有时可以省略.

例 3.22 判断曲线 $y=x^3$ 的凹凸性,并求其拐点.

解 由于 $y'=3x^2,y''=6x$.

因此,当 $x<0$ 时,$y''<0$,故曲线在 $(-\infty,0)$ 内是凸的.

当 $x>0$ 时,$y''>0$,故曲线 $(0,+\infty)$ 内是凹的.

根据拐点的定义,得拐点为 $(0,0)$.

例 3.23 求 $y=\ln(x^2+1)$ 的拐点及凹凸区间.

解 由于

$$y'=\frac{2x}{x^2+1},y''=\frac{2(x^2+1)-2x\cdot 2x}{(x^2+1)^2}=\frac{-2(x-1)(x+1)}{(x^2+1)^2}.$$

令 $y''=0$,得

$$x_1=-1,x_2=1$$

列表如下:

x	$(-\infty,-1)$	-1	$(-1,1)$	1	$(1,+\infty)$
y''	$-$	0	$+$	0	$-$
y	$\cap$	$\ln 2$ 拐点	$\cup$	$\ln 2$ 拐点	$\cap$

可见曲线在 $(-\infty,-1]$ 和 $[1,+\infty)$ 内是凸的,在 $(-1,1)$ 内是凹的,拐点为 $(-1,\ln 2)$ 和 $(1,\ln 2)$.

习题 3.7

1. 选择题:

(1) 曲线 $y=\frac{e^x}{1+x}$( ).

A. 有一个拐点 B. 有两个拐点 C. 有 3 个拐点 D. 无拐点

(2) 函数 $y=x\arctan x$ 的图形,在( ).

A. $(-\infty,+\infty)$ 处处是凸的 B. $(-\infty,+\infty)$ 处处是凹的

C. $(-\infty,0)$ 为凸的,在 $(0,+\infty)$ 为凹的

D. $(-\infty,0)$ 为凹的,在 $(0,+\infty)$ 为凸的

(3)若在区间(a,b)内,函数$f(x)$的一阶导数$f'(x)>0$,二阶导数$f''(x)<0$,则函数$f(x)$在此区间内是(　　).

A. 单调减少,曲线上凹　　B. 单调增加,曲线上凹

C. 单调减少,曲线下凹　　D. 单调增加,曲线下凹

(4)曲线$y=(x-5)^{\frac{5}{3}}+2$(　　).

A. 有极值点$x=5$,但无拐点　　B. 有拐点$(5,2)$,但无极值点

C. $x=5$有极值点且$(5,2)$是拐点　　D. 既无极值点,又无拐点

(5)设$f(x)$有二阶连续导数,且$f'(0)=0$,$\lim\limits_{x\to 0}\frac{f''(x)}{|x|}=1$,则(　　).

A. $f(0)$是$f(x)$的极大值

B. $f(0)$是$f(x)$的极小值

C. $(0,f(0))$是曲线$y=f(x)$的拐点

D. $f(0)$不是$f(x)$的极值,$(0,f(0))$也不是曲线$y=f(x)$的拐点

2. 填空题:

(1)曲线上________的点,称为曲线的拐点.

(2)若函数$f(x)$在区间(a,b)上可导,则曲线$f(x)$在区间(a,b)内凹的充要条件是____________.

3. 求下列各函数的凹凸区间及拐点:

(1)$y=x^3-5x^2+3x-5$;

(2)$y=\frac{x^3}{x^2+3a^2}$(a为任意正数);

(3)$y=x^5$;

(4)$y=(x+1)^4+e^x$;

(5)$y=\ln x$;

(6)$y=xe^{-x}$.

4. 讨论曲线$y=x^4$是否有拐点?

3.8　水平渐近线和铅直渐近线

有些函数的定义域和值域都是有限的区间,此时函数的图形局限于一定的范围之内. 但有些函数的定义域或者值域是无穷区间,此时函数的图形向无穷远处延

伸.为了了解函数的曲线在无穷远处的延伸状态,需要考虑渐近线,常见的渐近线有水平渐近线、铅直渐近线和斜渐近线,这里只讨论前两种渐近线.

对于函数 $y=f(x)$,如果 $x\to\infty$($x\to+\infty$或 $x\to-\infty$)时,$f(x)\to b$(b 为常量),则称直线 $y=b$ 为曲线 $y=f(x)$ 的**水平渐近线**.如果 $x\to a$($x\to a^+$或 $x\to a^-$)时,$f(x)\to\infty$($f(x)\to+\infty$或$f(x)\to-\infty$),则称直线 $x=a$ 为曲线 $y=f(x)$ 的**铅直渐近线**.

例 3.24 求 $y=e^x$ 的水平渐近线.

解 $\lim\limits_{x\to-\infty} e^x=0$,因此 $y=0$ 就是 $y=e^x$ 的水平渐近线.

例 3.25 求 $y=\ln x$ 的铅直渐近线.

解 $\lim\limits_{x\to0^+} \ln x=\infty$,因此,$x=0$ 就是 $y=\ln x$ 的铅直渐近线.

例 3.26 求曲线 $y=\dfrac{1}{x-1}$的渐近线.

解 因为$\lim\limits_{x\to\infty}\dfrac{1}{x-1}=0$,所以 $y=0$ 是曲线的一条水平渐近线.

又因为$\lim\limits_{x\to1}\dfrac{1}{x-1}=\infty$,所以 $x=1$ 是曲线的一条铅直渐近线.

习题 3.8

1. 求 $y=\arctan x$ 的水平渐近线.
2. 求 $y=\dfrac{1}{(x+2)(x-3)}$的铅直渐近线.

3.9 函数图形的描绘

通过本章的学习,已经学会了讨论函数的性态,利用这些性态可进行图形的描绘.

描绘函数图形的一般步骤如下:

①确定函数的定义域,判断函数的基本性态(奇偶性、周期性等).

②求出一阶、二阶导数为零的点,求出一阶、二阶导数不存在的点.

③列表分析,确定曲线的单调性和凹凸性.

④确定曲线的渐近线.

⑤补充确定并描绘出曲线上极值对应的点、拐点、与坐标轴的交点、其他点.

⑥连接这些点画出函数的图形.

例 3.27 画出函数$f(x)=\dfrac{4(x+1)}{x^2}-2$的图形.

解 函数的定义域是$D=(-\infty,0)\cup(0,+\infty)$,它是非奇非偶函数.

$$f'(x)=-\frac{4(x+2)}{x^3},f''(x)=\frac{8(x+3)}{x^4}$$

令$f'(x)=0$,得驻点$x=-2$,一阶导数不存在的点是$x=0$.

令$f''(x)=0$,得二阶导数为 0 的点$x=-3$.

以上述特殊点为分界点,列表确定函数升降区间、凹凸区间及极值点和拐点如下:

x	$(-\infty,-3)$	-3	$(-3,-2)$	-2	$(-2,0)$	0	$(0,+\infty)$
$f'(x)$	$-$	$-$	$-$	0	+	不存在	$-$
$f''(x)$	$-$	0	+	+	+	不存在	+
$f(x)$	∩↘	极大	∪↘	拐点	∪↗	极小	∪↘

又因为$\lim\limits_{x\to\infty}f(x)=\lim\limits_{x\to\infty}\left[\dfrac{4(x+1)}{x^2}-2\right]=-2$,得水平渐近线$y=-2$.

$\lim\limits_{x\to0}f(x)=\lim\limits_{x\to0}\left[\dfrac{4(x+1)}{x^2}-2\right]=+\infty$,得铅直渐近线$x=0$.

补充一些点:$(1-\sqrt{3},0),(1+\sqrt{3},0)$. 描绘出函数的图形如图 3.8 所示.

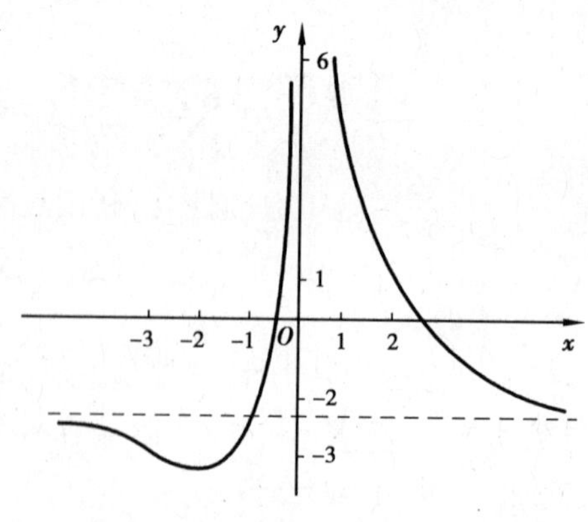

图 3.8

习题 3.9

1. 画出函数 $y=x^3-x^2-x+1$ 的图形.

2. 画出函数 $y=e^{-x^2}$ 的图形.

总习题 3

1. 单项选择题

(1) 下列函数在给定区间上不满足拉格朗日中值定理的是(   ).

A. $y=\dfrac{2x}{1+x^2}[-1,1]$　　B. $y=|x|[-1,2]$

C. $y=4x^3-5x^2+x-2[0,1]$　　D. $y=\ln x[1,3]$

(2) 判断函数的极值点应该判断(   ).

A. 一阶导数为 0 的点和导数不存在的点

B. 二阶导数为 0 的点和导数不存在的点

C. 只判断一阶导数为 0 的点

D. 只判断二阶导数为 0 的点

(3) 设 $y=f(x)$ 满足关系式 $y''-2y'+4y=0$, 且 $f(x)>0$, $f'(x_0)=0$, 则 $f(x)$ 在 x_0 点处(   ).

A. 取得极大值　　B. 取得最小值

C. 在 x_0 某邻域内单增　　D. 在 x_0 某邻域内单减

(4) 函数 $y=f(x)$ 在点 $x=x_0$ 处取得极大值, 则必有(   ).

A. $f'(x_0)=0$　　B. $f''(x_0)<0$

C. $f'(x_0)=0$ 且 $f''(x_0)<0$　　D. $f'(x_0)=0$ 或不存在

(5) $f''(x_0)=0$ 是 $y=f(x)$ 的图形在点 $(x_0,f(x_0))$ 处有拐点的(   ).

A. 充分条件　　B. 充分必要条件

C. 必要条件　　D. 以上说法都不对

(6) 极限 $\lim\limits_{x\to\infty}\dfrac{x+\sin x}{x}$ (   ).

A. 不存在　　B. 存在, 可用洛必达法则求出

C. 存在,不能用洛必达法则求出　D. 存在且等于 2

(7) 已知:$f(x) = -2\sin^2 x + 6\sin x - 5$,则它的最大值,最小值是(　　).

A. 最大值不存在,最小值为$\frac{1}{2}$　　B. 最大值是$\frac{1}{2}$,最小值不存在

C. 最大值是 -1,最小值是 -13　　D. 最大值是 1,最小值是 -1

2. 填空题

(1) $\lim\limits_{x \to 1} \frac{\ln x}{x-1} =$ ________.

(2) 函数 $y = x^2$ 的上凸区间是________.

(3) 函数 $y = x + 2\cos x$ 在$\left[0, \frac{\pi}{2}\right]$上的最大值为________.

(4) 当 $x_0 = -1$ 时,求函数$f(x) = \frac{1}{x}$的 n 阶 Taylor 公式为________________.

3. 求函数 $y = 2x^2 - \ln x$ 的单调区间.

4. 确定 $y = xe^x$ 的凹凸区间及拐点.

5. 求 $y = \frac{e^x}{1+x}$的渐近线.

6. 欲用围墙围成面积为 216 m^2 的一块矩形土地,并在正中用一堵墙将其隔成两块,问这块土的长和宽选取多大的尺寸,才能使所用建筑材料最省?

第4章 不定积分

在第2章讨论了已知函数的导数(或微分)的问题. 反过来,对于给定的一个导函数,那么如何得到一个函数的导数就是这里给定的导函数呢? 这就是本章要解决的不定积分的问题. 本章将介绍不定积分的基本概念和性质以及一些相关的运算法则.

4.1 不定积分的概念与性质

4.1.1 原函数的概念

先看一个例子:如果已知某质点作变速运动的运动方程为 $s=s(t)$,则该质点的速度 v 是距离 s 对时间 t 的导数(导函数). 反过来,如果已知质点作变速运动时,其速度 v 是时间的函数 $v=v(t)$,如何求该质点的运动方程? 要解决这个问题,就是要求函数 $s(t)$,使得它的导数 $s'(t)$ 等于已知函数 $v(t)$. 这就是一个与求导数相反的问题,如果把求导看成一种运算,它就是求导的逆运算.

一般给出以下的定义:

如果在区间 I 上,可导函数 $F(x)$ 的导函数为 $f(x)$,即对任一 $x\in I$,都有

$$F'(x)=f(x) \text{ 或 } \mathrm{d}F(x)=f(x)\mathrm{d}x \tag{4.1}$$

那么,函数 $F(x)$ 就称为 $f(x)$(或 $f(x)\mathrm{d}x$)在区间 I 上的**原函数**.

例如,因为 $(\sin x)'=\cos x$,所以 $\sin x$ 是 $\cos x$ 的原函数. 又如,当 $x\in(0,+\infty)$ 时,因为 $(\sqrt{x})'=\frac{1}{2\sqrt{x}}$,所以 $\sqrt{x}$ 是 $\frac{1}{2\sqrt{x}}$ 的原函数.

然而,$\cos x$ 和 $\frac{1}{2\sqrt{x}}$ 还有其他原函数吗? 什么情况下存在原函数?

对于第一个问题. 因为任意常数的导数为0,根据导数的四则运算法则,如果函数 $f(x)$ 在区间 I 上有原函数 $F(x)$,那么 $f(x)$ 就有无限多个原函数,$F(x)+C$ 都

是$f(x)$的原函数,其中 C 是任意常数. 例如,$(\sin x)'=\cos x$,故$(\sin x+C)'=\cos x$,因此 $\sin x+C$ 是 $\cos x$ 的原函数.

对于第二个问题,有以下结论.

定理4.1　如果函数$f(x)$在区间 I 上连续,那么在区间 I 上存在可导函数 $F(x)$,使对任一 $x\in I$ 都有

$$F'(x)=f(x) \tag{4.2}$$

此定理称为**原函数存在定理**.

证明从略.

定理 4.1 可以简单理解为连续函数一定有原函数.

注4.1　$f(x)$的任意两个原函数之间只差一个常数,即如果$\Phi(x)$和 $F(x)$都是$f(x)$的原函数,则$\Phi(x)-F(x)=C$(C 为某个常数).

4.1.2　不定积分的定义

如果$F(x)$为$f(x)$在区间 I 上的一个原函数,则函数$f(x)$的所有原函数 $F(x)+C$ 称为$f(x)$在区间 I 上的**不定积分**,记为 $\int f(x)\mathrm{d}x$,即

$$\int f(x)\mathrm{d}x=F(x)+C \tag{4.3}$$

其中,记号 $\int$ 称为积分号, $f(x)$称为被积函数,$f(x)\mathrm{d}x$ 称为被积表达式,x 称为积分变量,C 为任意常数.

注4.2　根据定义,求函数$f(x)$的不定积分 $\int f(x)\mathrm{d}x$ 就是求函数$f(x)$的全体原函数;或者说就是求出它的一个原函数,再加上常数 C.

注4.3　由于不定积分的结果中含有任意常数 C,因此不定积分得到的是一个**函数簇**.

注4.4　对于一个给定的 C,都有一个确定的原函数,在几何上对应一条确定的曲线,称为$f(x)$的**积分曲线**. 因为 C 可取任意值,故不定积分表示的是一簇积分曲线. $y=F(x)+C$ 的每一条曲线都可以由 $y=F(x)$沿 y 轴上下移动而得到.

例4.1 因为 $\sin x$ 是 $\cos x$ 的一个原函数，所以

$$\int \cos x\mathrm{d}x = \sin x + C$$

例4.2 因为$\sqrt{x}$是$\frac{1}{2\sqrt{x}}$的一个原函数,所以

$$\int \frac{1}{2\sqrt{x}}\mathrm{d}x = \sqrt{x} + C$$

例4.3 求函数 x^5 的不定积分.

解 因为$\left(\frac{x^6}{6}\right)' = x^5$,所以

$$\int x^5\mathrm{d}x = \frac{x^6}{6} + C$$

例4.4 求不定积分 $\int \frac{1}{1+x^2}\mathrm{d}x$.

解 因为 $(\arctan x)' = \frac{1}{1+x^2}$,所以

$$\int \frac{1}{1+x^2}\mathrm{d}x = \arctan x + C$$

例4.5 设某曲线通过点(1,3),且其上任一点处的切线斜率等于这点横坐标的2倍.求此曲线的方程.

解 设所求的曲线方程为 $y=f(x)$,曲线上任一点(x, y)处的切线斜率为 $y'=f'(x)=2x$,即$f(x)$是$2x$ 的一个原函数.

因为

$$\int 2x\mathrm{d}x = x^2 + C$$

故必有某个常数 C 使$f(x)=x^2+C$,即曲线方程为

$$y = x^2 + C$$

又因所求曲线通过点(1,3),即 $3=1+C$,故 $C=2$.

于是所求曲线方程为

$$y = x^2 + 2$$

4.1.3 不定积分的性质

性质 4.1 $\frac{\mathrm{d}}{\mathrm{d}x}\left[\int f(x)\,\mathrm{d}x\right]=f(x)$ 或 $\mathrm{d}\left[\int f(x)\,\mathrm{d}x\right]=f(x)\,\mathrm{d}x$.

该性质表明:不定积分的导数(或微分)等于被积函数(或被积表达式).

性质 4.2 $\int F'(x)\,\mathrm{d}x=F(x)+C$ 或 $\int \mathrm{d}F(x)=F(x)+C$.

该性质表明:一个函数的导数(或微分)的不定积分与这个函数相差一个任意常数.

注 4.5 性质 1 和 2 进一步说明了求导(或微分)与不定积分互为逆运算.

性质 4.3 $\int[f(x)\pm g(x)]\,\mathrm{d}x=\int f(x)\,\mathrm{d}x\pm\int g(x)\,\mathrm{d}x$.

证明 因为

$$\left[\int f(x)\,\mathrm{d}x+\int g(x)\,\mathrm{d}x\right]'=\left[\int f(x)\,\mathrm{d}x\right]'+\left[\int g(x)\,\mathrm{d}x\right]'$$
$$=f(x)+g(x)$$

所以等式成立.

该性质表明,函数的和与差的不定积分等于各个函数的不定积分的和与差.

注 4.6 这个性质可推广到任意有限个函数的和的不定积分的情况.

性质 4.4 $\int kf(x)\,\mathrm{d}x=k\int f(x)\,\mathrm{d}x$($k$ 是常数,$k\neq 0$).

该性质表明:求不定积分时,被积函数中不为零的常数因子可以提到积分号外面.

例 4.6 求不定积分 $\int\sqrt{x}(x^2-5)\,\mathrm{d}x$.

解

$$\begin{aligned}\int\sqrt{x}(x^2-5)\,\mathrm{d}x&=\int\left(x^{\frac{5}{2}}-5x^{\frac{1}{2}}\right)\mathrm{d}x\\&=\int x^{\frac{5}{2}}\,\mathrm{d}x-\int 5x^{\frac{1}{2}}\,\mathrm{d}x\\&=\int x^{\frac{5}{2}}\,\mathrm{d}x-5\int x^{\frac{1}{2}}\,\mathrm{d}x\\&=\frac{2}{7}x^{\frac{7}{2}}-5\cdot\frac{2}{3}x^{\frac{3}{2}}+C\end{aligned}$$

例4.7 求不定积分$\int\left(\frac{3}{1+x^2}-\cos x\right)\mathrm{d}x$.

解
$$\begin{aligned}\int\left(\frac{3}{1+x^2}-\cos x\right)\mathrm{d}x &= \int\frac{3}{1+x^2}\mathrm{d}x-\int\cos x\mathrm{d}x\\ &= 3\int\frac{1}{1+x^2}\mathrm{d}x-\int\cos x\mathrm{d}x\\ &= 3\arctan x-\sin x+C\end{aligned}$$

习题4.1

1. 选择题:

(1)下列等式中正确的是( ).

A. $d\left[\int f(x)\mathrm{d}x\right]=f(x)$ B. $\frac{\mathrm{d}}{\mathrm{d}x}\left[\int f(x)\mathrm{d}x\right]=f(x)\mathrm{d}x$

C. $\int \mathrm{d}f(x)=f(x)$ D. $\int \mathrm{d}f(x)=f(x)+C$

(2)下列等式中,( )是正确的.

A. $\int f'(x)\mathrm{d}x=f(x)$ B. $\int f'(\mathrm{e}^x)\mathrm{d}x=f(\mathrm{e}^x)+C$

C. $\int f'(\sqrt{x})\mathrm{d}x=2\sqrt{x}f(\sqrt{x})+C$ D. $\int xf'(1-x^2)\mathrm{d}x=-\frac{1}{2}f(1-x^2)+C$

(3)$\sqrt{x}$是( )的一个原函数.

A. $\frac{1}{2x}$ B. $\frac{1}{2\sqrt{x}}$ C. $\ln x$ D. $\sqrt{x^3}$

2. 填空题:

(1)函数$f'(x)$的不定积分是________.

(2)$\mathrm{d}\int \mathrm{e}^{-x^2}\mathrm{d}x=$________.

(3)$\left(\int f(x)\mathrm{d}x\right)'=$________.

(4)设$F_1(x)$,$F_2(x)$是$f(x)$的两个不同的原函数,且$f(x)\neq0$,则有$F_1(x)-F_2(x)=$________

3. 证明$\frac{1}{2}\mathrm{e}^{2x}$是$\mathrm{e}^{2x}$的原函数.

4. 求不定积分 $\int \frac{x^2}{1+x^2}dx$.

4.2 不定积分的计算

4.2.1 基本积分方法

导数(微分)公式的逆就是不定积分的基本公式,因此有以下基本积分表:

① $\int k dx = kx + C$(k 是常数).

② $\int x^{\mu} dx = \frac{1}{\mu+1}x^{\mu+1} + C$.

③ $\int \frac{1}{x}dx = \ln|x| + C$.

④ $\int e^x dx = e^x + C$.

⑤ $\int a^x dx = \frac{a^x}{\ln a} + C$.

⑥ $\int \cos x dx = \sin x + C$.

⑦ $\int \sin x dx = -\cos x + C$.

⑧ $\int \frac{1}{\cos^2 x}dx = \int \sec^2 x dx = \tan x + C$.

⑨ $\int \frac{1}{\sin^2 x}dx = \int \csc^2 x dx = -\cot x + C$.

⑩ $\int \frac{1}{1+x^2}dx = \arctan x + C$.

⑪ $\int \frac{1}{\sqrt{1-x^2}}dx = \arcsin x + C$.

⑫ $\int \sec x \tan x dx = \sec x + C$.

⑬ $\int \csc x \cot x dx = -\csc x + C$.

利用基本积分表和不定积分的性质计算不定积分的方法称为**基本积分方法**.现举例如下:

例4.8 求不定积分 $\int x\sqrt{x}\mathrm{d}x$.

解 $\int x\sqrt{x}\mathrm{d}x = \int x^{\frac{3}{2}}\mathrm{d}x$,根据基本积分公式②$\int x^{\mu}\mathrm{d}x = \frac{1}{\mu+1}x^{\mu+1} + C$,得

$$原式 = \frac{x^{\frac{3}{2}+1}}{\frac{3}{2}+1} + C = \frac{2}{5}x^{\frac{5}{2}} + C$$

例4.9 求不定积分 $\int \frac{1}{1+\cos 2x}\mathrm{d}x$.

解

$$\begin{aligned}\int \frac{1}{1+\cos 2x}\mathrm{d}x &= \int \frac{1}{1+2\cos^2 x-1}\mathrm{d}x \\ &= \frac{1}{2}\int \frac{1}{\cos^2 x}\mathrm{d}x = \frac{1}{2}\tan x + C\end{aligned}$$

4.2.2 不定积分的第一类换元方法

考虑这样的问题:$\int \cos 2x\mathrm{d}x$.

由于被积函数是一个复合函数,没有基本的求积公式可以使用,但可设置中间变量,利用复合函数的微分法则解决上面的问题.

令 $t=2x$,则 $\mathrm{d}x=\frac{1}{2}\mathrm{d}t$,于是得

$$\int \cos 2x\mathrm{d}x = \frac{1}{2}\int \cos t\mathrm{d}t = \frac{1}{2}\sin t + C = \frac{1}{2}\sin 2x + C$$

这种利用中间变量的代换得到复合函数不定积分的方法,称为**换元积分方法**.下面首先学习第一类换元积分方法.

设 $f(u)$ 有原函数 $F(u)$,$u=\varphi(x)$,且 $\varphi(x)$ 可微,那么,根据复合函数微分的求法,有

$$\begin{aligned}\mathrm{d}F[\varphi(x)] &= \mathrm{d}F(u) = F'(u)\mathrm{d}u = F'[\varphi(x)]\mathrm{d}\varphi(x) \\ &= f[\varphi(x)]\varphi'(x)\mathrm{d}x \end{aligned} \tag{4.4}$$

从而根据不定积分的定义得

$$\int f[\varphi(x)]\varphi'(x)\mathrm{d}x = F[\varphi(x)] + C = \left[\int f(u)\mathrm{d}u\right]\Bigg|_{u=\varphi(x)} \tag{4.5}$$

上面的推导过程可形成以下换元积分法定理：

定理 4.2　设 $f(u)$ 具有原函数 $F(u)$，$u=\varphi(x)$ 可导，则有换元公式为

$$\int f[\varphi(x)]\varphi'(x)\mathrm{d}x = \int f[\varphi(x)]\mathrm{d}\varphi(x) = F[\varphi(x)] + C \tag{4.6}$$

式(4.6)称为**第一类换元公式**.

第一类换元公式中第一个等式是关键，即把被积表达式“$\varphi'(x)\mathrm{d}x$”换成“$\mathrm{d}\varphi(x)$”，这个过程称为“**凑微分**”. 因此，第一类换元积分方法也称为**凑微分法**.

第一类换元积分方法的完整过程为

$$\begin{aligned}\int f[\varphi(x)]\varphi'(x)\mathrm{d}x &= \int f[\varphi(x)]\mathrm{d}\varphi(x) &&（凑微分）\\ &= \int f(u)\mathrm{d}u &&（换元“u = \varphi(x)”）\\ &= F(u) + C &&（积分）\\ &= F[\varphi(x)] + C &&（回代求解“\varphi(x) = u”）\end{aligned}$$

注 4.7　被积表达式中的 $\mathrm{d}x$ 可当作变量 x 的微分来对待，从而微分等式 $\varphi'(x)\mathrm{d}x=\mathrm{d}u$ 可应用到被积表达式中.

注 4.8　在熟练掌握凑微分法后，其中的“换元”过程可省略.

接下来先给出一些应用凑微分法求不定积分的例子，随后再总结一些常见的凑微分形式.

例 4.10　求不定积分 $\int(2x+1)^{2\,014}\mathrm{d}x$.

解　令 $u=2x+1$，$\mathrm{d}u=2\mathrm{d}x$，即 $\mathrm{d}x=\dfrac{1}{2}\mathrm{d}u$.

因此，得

$$\begin{aligned}\int(2x+1)^{2\,014}\mathrm{d}x &= \int u^{2\,014}\cdot\frac{1}{2}\mathrm{d}u = \frac{1}{2}\cdot\frac{u^{2\,015}}{2\,015} + C\\ &= \frac{1}{2}\cdot\frac{(2x+1)^{2\,015}}{2\,015} + C\end{aligned}$$

例 4.11　求不定积分 $\int\dfrac{\mathrm{e}^x}{3+4\mathrm{e}^x}\mathrm{d}x$.

解　令 $u=3+4\mathrm{e}^x$，$\mathrm{d}u=4\mathrm{e}^x\mathrm{d}x$，则

$$\int \frac{e^x}{3+4e^x}dx = \frac{1}{4}\int \frac{1}{u}du = \frac{1}{4}\ln|u| + C$$

$$= \frac{1}{4}\ln(3+4e^x) + C$$

例4.12 求不定积分$\int \sin^3 x dx$.

解 $$\int \sin^3 x dx = \int \sin^2 x \cdot \sin x dx = -\int (1-\cos^2 x) d\cos x$$

$$= -\int d\cos x + \int \cos^2 x d\cos x = -\cos x + \frac{1}{3}\cos^3 x + C$$

例4.13 求不定积分$\int \frac{dx}{x(1+2\ln x)}$.

解 $$\int \frac{dx}{x(1+2\ln x)} = \int \frac{d\ln x}{1+2\ln x}$$

$$= \frac{1}{2}\int \frac{d(1+2\ln x)}{1+2\ln x}$$

$$= \frac{1}{2}\ln(1+2\ln x) + C$$

例4.14 求不定积分$\int \frac{x^3}{\sqrt{1+x^2}}dx$.

解 $$\int \frac{x^3}{\sqrt{1+x^2}}dx = \frac{1}{2}\int \frac{x^2}{\sqrt{1+x^2}}dx^2$$

$$= \frac{1}{2}\int \left(\sqrt{1+x^2} - \frac{1}{\sqrt{1+x^2}}\right)d(1+x^2)$$

$$= \frac{1}{3}(1+x^2)^{\frac{3}{2}} - \sqrt{1+x^2} + C.$$

例4.15 求不定积分$\int \frac{1}{a^2+x^2}dx$.

解 $$\int \frac{1}{a^2+x^2}dx = \frac{1}{a^2}\int \frac{1}{1+\left(\frac{x}{a}\right)^2}dx$$

$$= \frac{1}{a}\int \frac{1}{1+\left(\frac{x}{a}\right)^2}d\frac{x}{a}$$

$$= \frac{1}{a}\arctan\frac{x}{a} + C$$

例 4.16 求不定积分 $\int \sec x\mathrm{d}x$.

解 $\int \sec x\mathrm{d}x = \int \frac{1}{\cos x}\mathrm{d}x = \int \frac{\cos x}{\cos^2 x}\mathrm{d}x = \int \frac{1}{1-\sin^2 x}\mathrm{d}\sin x$

$$= \frac{1}{2}\int\left(\frac{1}{1+\sin x} + \frac{1}{1-\sin x}\right)\mathrm{d}\sin x$$

$$= \frac{1}{2}\ln\left|\frac{1+\sin x}{1-\sin x}\right| + C$$

$$= \frac{1}{2}\ln\left|\frac{(1+\sin x)^2}{\cos^2 x}\right| + C$$

$$= \ln|\sec x + \tan x| + C$$

常见的凑微分形式如下:

①$\int f(ax+b)\mathrm{d}x = \frac{1}{a}\int f(ax+b)\mathrm{d}(ax+b)\ (a \neq 0)$.

②$\int f(\sin x)\cos x\mathrm{d}x = \int f(\sin x)\mathrm{d}\sin x$.

③$\int f(\cos x)\sin x\mathrm{d}x = -\int f(\cos x)\mathrm{d}\cos x$.

④$\int f(\tan x)\frac{\mathrm{d}x}{\cos^2 x} = \int f(\tan x)\mathrm{d}\tan x$.

⑤$\int f(\cot x)\frac{\mathrm{d}x}{\sin^2 x} = -\int f(\cot x)\mathrm{d}\cot x$.

⑥$\int f(\ln x)\frac{1}{x}\mathrm{d}x = \int f(\ln x)\mathrm{d}\ln x$.

⑦$\int f(\mathrm{e}^x)\mathrm{e}^x\mathrm{d}x = \int f(\mathrm{e}^x)\mathrm{d}\mathrm{e}^x$.

⑧$\int f(x^n)x^{n-1}\mathrm{d}x = \frac{1}{n}\int f(x^n)\mathrm{d}x^n\ (n \neq 0)$.

⑨$\int f\left(\frac{1}{x}\right)\frac{\mathrm{d}x}{x^2} = -\int f\left(\frac{1}{x}\right)\mathrm{d}\left(\frac{1}{x}\right)$.

$\int f(\arcsin x) = \frac{\mathrm{d}x}{\sqrt{1-x^2}} = \int f(\arcsin x)\mathrm{d}\arcsin x$.

⑩$\int f(\arctan x)\dfrac{\mathrm{d}x}{1+x^2}=\int f(\arctan x)\,\mathrm{d}\arctan x$.

4.2.3 不定积分的第二类换元方法

在第一类换元积分方法中,是用新变量 u 代替被积函数中的可微函数 $\varphi(x)$,从而使得不定积分容易计算.第二类换元法的基本思想是引入 $x=\varphi(t)$,将不定积分 $\int f(x)\mathrm{d}x$ 化为 $\int f[\varphi(t)]\varphi'(t)\mathrm{d}t$,使得积分易算.

定理 4.3 设 $x=\varphi(t)$ 存在导数和反函数,并且 $\varphi'(t)\neq 0$. 又设 $f[\varphi(t)]\varphi'(t)$ 具有原函数 $F(t)$,则有换元公式为

$$\int f(x)\mathrm{d}x = F[\varphi^{-1}(x)] + C \tag{4.7}$$

其中,$t=\varphi^{-1}(x)$ 是 $x=\varphi(t)$ 的反函数.

证明 由于 $F'(t)=f[\varphi(t)]\varphi'(t)$,根据复合函数和反函数的求导法则,有

$$\{F[\varphi^{-1}(x)] + C\}' = F'(t)\frac{\mathrm{d}t}{\mathrm{d}x} = f[\varphi(t)]\varphi'(t)\frac{1}{\frac{\mathrm{d}x}{\mathrm{d}t}} = f[\varphi(t)] = f(x)$$

再根据不定积分的定义,可得

$$\int f(x)\mathrm{d}x = F[\varphi^{-1}(x)] + C$$

根据定理4.3,可得到第二类换元积分方法的完整计算过程为

$$\begin{aligned}\int f(x)\mathrm{d}x &= \int f[\varphi(t)]\varphi'(t)\mathrm{d}t && (\text{换元“}x=\varphi(t)\text{”})\\ &= F(t) && (\text{积分})\\ &= F[\varphi^{-1}(x)] + C && (\text{回代求解“}t=\varphi^{-1}(x)\text{”})\end{aligned}$$

注 4.9 两类换元积分方法的本质都是“换元”.有时不加区分地称为不定积分的换元积分方法.

接下来先给出一些应用第二类换元方法的例子,随后再总结一些常见换元形式.

例 4.17 求不定积分 $\int\sqrt{a^2-x^2}\,\mathrm{d}x\ (a>0)$.

解 设 $x=a\sin t,-\frac{\pi}{2}<t<\frac{\pi}{2}$,则

$$\sqrt{a^2-x^2}=\sqrt{a^2-a^2\sin^2 t}=a\cos t,\mathrm{d}x=a\cos t\mathrm{d}t$$

于是

$$\begin{aligned}\int\sqrt{a^2-x^2}\mathrm{d}x&=\int a\cos t\cdot a\cos t\mathrm{d}t\\&=a^2\int\cos^2 t\mathrm{d}t\\&=a^2\int\frac{1-\cos 2t}{2}\mathrm{d}t\\&=\frac{a^2}{2}\int(1-\cos 2t)\mathrm{d}t\\&=a^2\left(\frac{1}{2}t+\frac{1}{4}\sin 2t\right)+C\end{aligned}$$

因为 $t=\arcsin\frac{x}{a},\sin 2t=2\sin t\cos t=2\frac{x}{a}\cdot\frac{\sqrt{a^2-x^2}}{a}$,所以

$$\begin{aligned}\int\sqrt{a^2-x^2}\mathrm{d}x&=a^2\left(\frac{1}{2}t+\frac{1}{4}\sin 2t\right)+C\\&=\frac{a^2}{2}\arcsin\frac{x}{a}+\frac{1}{2}x\sqrt{a^2-x^2}+C\end{aligned}$$

例 4.18 求不定积分 $\int\frac{1}{\sqrt{x^2+a^2}}\mathrm{d}x(a>0)$.

解 设 $x=a\tan t,-\frac{\pi}{2}<t<\frac{\pi}{2}$,则

$$\sqrt{x^2+a^2}=\sqrt{a^2+a^2\tan^2 t}=a\sqrt{1+\tan^2 t}=a\sec t$$
$$\mathrm{d}x=a\sec^2 t\mathrm{d}t$$

于是

$$\begin{aligned}\int\frac{\mathrm{d}x}{\sqrt{x^2+a^2}}&=\int\frac{a\sec^2 t}{a\sec t}\mathrm{d}t\\&=\int\sec t\mathrm{d}t\\&=\ln|\sec t+\tan t|+C\end{aligned}$$

因为 $\tan t=\frac{x}{a},\sec t=\frac{\sqrt{x^2+a^2}}{a}$,所以

$$\begin{aligned}\int \frac{\mathrm{d}x}{\sqrt{x^2+a^2}} &= \ln|\sec t+\tan t| + C\\ &= \ln\left(\frac{x}{a}+\frac{\sqrt{x^2+a^2}}{a}\right)+C\\ &= \ln(x+\sqrt{x^2+a^2})+C_1\end{aligned}$$

其中 $C_1 = C - \ln a$ 仍是任意常数.

例 4.19 求不定积分 $\int \frac{1}{\sqrt{x}-1}\mathrm{d}x$.

解 令 $t=\sqrt{x}$,即 $x=t^2$,则

$$\mathrm{d}x = 2t\mathrm{d}t$$

于是

$$\begin{aligned}\int \frac{1}{\sqrt{x}-1}\mathrm{d}x &= \int \frac{2t}{t-1}\mathrm{d}t\\ &= \int \frac{2t-2+2}{t-1}\mathrm{d}t\\ &= \int\left(2+\frac{2}{t-1}\right)\mathrm{d}t\\ &= 2t+2\ln|t-1|+C\\ &= 2\sqrt{x}+2\ln|\sqrt{x}-1|+C\end{aligned}$$

以上几例所使用的均为三角代换或者根式代换,代换的目的是化掉根式. 下面给出常见的一些换元形式.

当被积函数中含有:

①$\sqrt{a^2-x^2}$,可令 $x=a\sin t$.

②$\sqrt{a^2+x^2}$,可令 $x=a\tan t$.

③$\sqrt{x^2-a^2}$,可令 $x=a\sec t$.

④$\sqrt[m]{x}$,可令 $x=t^m$.

⑤当分母的阶较高时,可采用倒代换 $x=\frac{1}{t}$.

注 4.10 当被积函数含有两种或两种以上的根式 $\sqrt[k]{x},\cdots,\sqrt[l]{x}$ 时,可采用令 $x=t^n$(其中,n 为各根指数的最小公倍数).

4.2.4 不定积分的分部积分方法

分部积分方法是积分计算中一种重要的方法,它是利用两个函数乘法的求导法则所推导得到的.

设函数 $u=u(x)$ 及 $v=v(x)$ 具有连续导数,那么,两个函数乘积的微分公式为

$$\mathrm{d}(uv) = v\mathrm{d}u + u\mathrm{d}v$$

上式移项得

$$u\mathrm{d}v = \mathrm{d}(uv) - v\mathrm{d}u$$

对这个等式两边求不定积分,得

$$\int u\mathrm{d}v = uv - \int v\mathrm{d}u \tag{4.8}$$

或者

$$\int uv'\mathrm{d}x = uv - \int u'v\mathrm{d}x \tag{4.9}$$

式(4.9)称为**分部积分公式**.利用分部积分公式计算不定积分的方法称为**分部积分方法**.

分部积分方法的完整计算过程为

$$\begin{aligned}\int uv'\mathrm{d}x &= \int u\mathrm{d}v && (凑微分)\\ &= uv - \int v\mathrm{d}u && (分部积分公式)\\ &= uv - \int u'v\mathrm{d}x && (求解)\end{aligned}$$

注 4.11 在实际计算的过程中,有时需要结合其他不定积分计算方法使用,有时也需连续多次使用分部积分公式.

例 4.20 利用分部积分法求不定积分 $\int x\cos x\mathrm{d}x$.

解 令 $u=x,\cos x\mathrm{d}x=\mathrm{d}\sin x=\mathrm{d}v$,则

$$\int x\cos x\mathrm{d}x = \int x\mathrm{d}\sin x = x\sin x - \int \sin x\mathrm{d}x = x\sin x - \cos x + C$$

例 4.21 利用分部积分法求不定积分 $\int x^3\ln x\mathrm{d}x$.

解 令 $u=\ln x, x^3\mathrm{d}x=\mathrm{d}\,\dfrac{x^4}{4}=\mathrm{d}v$,则

$$\int x^3\ln x\mathrm{d}x=\frac{1}{4}x^4\ln x-\frac{1}{4}\int x^3\mathrm{d}x=\frac{1}{4}x^4\ln x-\frac{1}{16}x^4+C$$

当熟练以后,可省略 u,v' 的选择过程.

例 4.22 利用分部积分法求不定积分 $\int x^2\mathrm{e}^x\mathrm{d}x$.

解

$$\begin{aligned}\int x^2\mathrm{e}^x\mathrm{d}x &= \int x^2\mathrm{d}\mathrm{e}^x = x^2\mathrm{e}^x-\int \mathrm{e}^x\mathrm{d}x^2\\ &= x^2\mathrm{e}^x-2\int x\mathrm{e}^x\mathrm{d}x = x^2\mathrm{e}^x-2\int x\mathrm{d}\mathrm{e}^x\\ &= x^2\mathrm{e}^x-2x\mathrm{e}^x+2\int \mathrm{e}^x\mathrm{d}x\\ &= x^2\mathrm{e}^x-2x\mathrm{e}^x+2\mathrm{e}^x+C\\ &= \mathrm{e}^x(x^2-2x+2)+C\end{aligned}$$

注 4.12 通常多项式函数、指数函数、对数函数、三角函数及反三角函数的乘积的不定积分,常用分部积分法.

注 4.13 选择合适的 u,v' 很关键,如果选择不当,积分更难进行. 如在例 4.20 中,令 $u=\cos x, x\mathrm{d}x=\dfrac{1}{2}\mathrm{d}x^2=\mathrm{d}v$,则不易求解,请读者自行验证.

注 4.14 若被积函数是幂函数和正(余)弦函数或幂函数和指数函数的乘积,就考虑设幂函数为 u,使其降幂一次(假定幂指数是正整数).

注 4.15 若被积函数是幂函数和对数函数或幂函数和反三角函数的乘积,就考虑设对数函数或反三角函数为 u.

注 4.16 一般要考虑两点:一是 v 要易求;二是积分 $\int u'v\mathrm{d}x$ 要比积分 $\int uv'\mathrm{d}x$ 易计算.

习题 4.2

1. 选择题:

(1) 设 $f(x)$ 为连续可导函数,则下列命题正确的是( ).

A. $\int f'(2x)\mathrm{d}x=\dfrac{1}{2}f(2x)+c$

B. $\int f'(2x)\,dx = f(2x) + c$

C. $\left(\int f'(2x)\,dx\right)' = 2f(2x)$

D. $\int f'(2x)\,dx = f(x) + c$

(2)设 e^{-2x} 是 $f(x)$ 的一个原函数，则 $\lim\limits_{\Delta x \to 0}\dfrac{f(x-2\Delta x)-f(x)}{\Delta x}=($　　$)$.

A. $2e^{-2x}$　　B. $8e^{-2x}$

C. $-2e^{-2x}$　　D. $4e^{-2x}$

(3)设 $f(x)=e^{-x}$，则 $\int \dfrac{f'(\ln x)}{x}dx=($　　$)$.

A. $-\dfrac{1}{x}+c$　　B. $-\ln x+c$

C. $\dfrac{1}{x}+c$　　D. $\ln x+c$

(4) e^{-x} 是 $f(x)$ 的一个原函数，则 $\int xf(x)\,dx=($　　$)$.

A. $e^{-x}(x+1)+c$　　B. $e^{-x}(x+1)+c$

C. $e^{-x}(1-x)+c$　　D. $e^{-x}(x-1)+c$

(5) $\int xf''(x)\,dx=($　　$)$.

A. $xf'(x)-\int f(x)\,dx$　　B. $xf(x)-f(x)+c$

C. $xf'(x)-f(x)+c$　　D. $f(x)-xf'(x)+c$

2. 填空题：

(1)函数 $f(x)=3^x$ 的一个原函数是________.

(2)已知 $\int f(x)\,dx=\sin x+c$，则 $f(x)=$________.

(3)设 $f(x)$ 为连续函数，$F(x)$ 为 $f(x)$ 的原函数，则 $\int \dfrac{f(\ln x)}{x}dx=$________.

(4) $\int (5x-1)^2\,dx=$________.

(5) $\int (2^x+x^2)\,dx=$________.

3. 求下列不定积分.

(1) $\int x\sqrt{x}\mathrm{d}x$　　(2) $\int (x-2)^2\mathrm{d}x$

(3) $\int (\sqrt{x}+1)(\sqrt{x^3}-1)\mathrm{d}x$　　(4) $\int \frac{10x^3+3}{x^4}\mathrm{d}x$

(5) $\int \left(\frac{3}{1+x^2}-\frac{2}{\sqrt{1-x^2}}\right)\mathrm{d}x$　　(6) $\int \mathrm{e}^x\left(1-\frac{\mathrm{e}^{-x}}{x^2}\right)\mathrm{d}x$

(7) $\int \sec x(\sec x-\tan x)\mathrm{d}x$　　(8) $\int \tan^2 x\mathrm{d}x$

(9) $\int \frac{\cos 2x}{\cos x-\sin x}\mathrm{d}x$　　(10) $\int t\mathrm{e}^{-2t}\mathrm{d}t$

(11) $\int \arcsin t\mathrm{d}t$　　(12) $\int x\ln(x-1)\mathrm{d}x$

(13) $\int x\tan^2 x\mathrm{d}x$　　(14) $\int x^2\cos x\mathrm{d}x$

(15) $\int (\ln x)^2\mathrm{d}x$　　(16) $\int \mathrm{e}^{\sqrt{2x-1}}\mathrm{d}x$

(17) $\int \frac{\mathrm{d}x}{x\ln x\ln\ln x}$　　(18) $\int \sin\sqrt[3]{x}\mathrm{d}x$

4.3 综合举例

本节将对不定积分计算的方法进行综合举例,以帮助读者有效地掌握不定积分的计算方法.

例4.23 求不定积分 $\int \frac{1}{x^3}\mathrm{d}x$.

解
$$\int \frac{1}{x^3}\mathrm{d}x=\int x^{-3}\mathrm{d}x=\frac{1}{-3+1}x^{-3+1}+C=-\frac{1}{2x^2}+C$$

例4.24 求不定积分 $\int \frac{\mathrm{d}x}{x\sqrt[3]{x}}$.

解
$$\int \frac{\mathrm{d}x}{x\sqrt[3]{x}}=\int x^{-\frac{4}{3}}\mathrm{d}x=\frac{x^{-\frac{4}{3}+1}}{-\frac{4}{3}+1}+C=-3x^{-\frac{1}{3}}+C=-\frac{3}{\sqrt[3]{x}}+C$$

例4.25 求不定积分 $\int x\mathrm{e}^x\mathrm{d}x$.

解 $$\int xe^x\mathrm{d}x = \int x\mathrm{d}e^x = xe^x - \int e^x\mathrm{d}x = xe^x - e^x + C.$$

例 4.26 求不定积分 $\int \frac{(x-1)^3}{x^2}\mathrm{d}x$.

解
$$\begin{aligned}\int \frac{(x-1)^3}{x^2}\mathrm{d}x &= \int \frac{x^3-3x^2+3x-1}{x^2}\mathrm{d}x \\ &= \int\left(x-3+\frac{3}{x}-\frac{1}{x^2}\right)\mathrm{d}x \\ &= \int x\mathrm{d}x - 3\int\mathrm{d}x + 3\int\frac{1}{x}\mathrm{d}x - \int\frac{1}{x^2}\mathrm{d}x \\ &= \frac{1}{2}x^2 - 3x + 3\ln|x| + \frac{1}{x} + C\end{aligned}$$

例 4.27 求不定积分 $\int(2e^x - 3\cos x)\mathrm{d}x$.

解
$$\begin{aligned}\int(2e^x-3\cos x)\mathrm{d}x &= 2\int e^x\mathrm{d}x - 3\int\cos x\mathrm{d}x \\ &= 2e^x - 3\sin x + C\end{aligned}$$

例 4.28 求不定积分 $\int\frac{x^4}{1+x^2}\mathrm{d}x$.

解
$$\begin{aligned}\int\frac{x^4}{1+x^2}\mathrm{d}x &= \int\frac{x^4-1+1}{1+x^2}\mathrm{d}x = \int\frac{(x^2+1)(x^2-1)+1}{1+x^2}\mathrm{d}x \\ &= \int\left(x^2-1+\frac{1}{1+x^2}\right)\mathrm{d}x \\ &= \int x^2\mathrm{d}x - \int\mathrm{d}x + \int\frac{1}{1+x^2}\mathrm{d}x \\ &= \frac{1}{3}x^3 - x + \arctan x + C\end{aligned}$$

例 4.29 求不定积分 $\int\tan^2x\mathrm{d}x$.

解
$$\begin{aligned}\int\tan^2x\mathrm{d}x &= \int(\sec^2x-1)\mathrm{d}x = \int\sec^2x\mathrm{d}x - \int\mathrm{d}x \\ &= \tan x - x + C\end{aligned}$$

例 4.30 求不定积分 $\int\frac{1}{3+2x}\mathrm{d}x$.

解 $$\int\frac{1}{3+2x}\mathrm{d}x=\frac{1}{2}\int\frac{1}{3+2x}(3+2x)'\mathrm{d}x=\frac{1}{2}\int\frac{1}{3+2x}\mathrm{d}(3+2x)$$

$$=\frac{1}{2}\int\frac{1}{u}\mathrm{d}u=\frac{1}{2}\ln|u|+C$$

$$=\frac{1}{2}\ln|3+2x|+C$$

例4.31 求不定积分$\int x\sqrt{1-x^2}\mathrm{d}x$.

解 $$\int x\sqrt{1-x^2}\mathrm{d}x=\frac{1}{2}\int\sqrt{1-x^2}(x^2)'\mathrm{d}x=\frac{1}{2}\int\sqrt{1-x^2}\mathrm{d}x^2$$

$$=-\frac{1}{2}\int\sqrt{1-x^2}\mathrm{d}(1-x^2)$$

$$=-\frac{1}{2}\int u^{\frac{1}{2}}\mathrm{d}u=-\frac{1}{3}u^{\frac{3}{2}}+C$$

$$=-\frac{1}{3}(1-x^2)^{\frac{3}{2}}+C$$

例4.32 求不定积分$\int\frac{1}{\sqrt{a^2-x^2}}\mathrm{d}x(a>0)$

解 $$\int\frac{1}{\sqrt{a^2-x^2}}\mathrm{d}x=\frac{1}{a}\int\frac{1}{\sqrt{1-\left(\frac{x}{a}\right)^2}}\mathrm{d}x$$

$$=\int\frac{1}{\sqrt{1-\left(\frac{x}{a}\right)^2}}\mathrm{d}\,\frac{x}{a}$$

$$=\arcsin\frac{x}{a}+C$$

例4.33 求不定积分$\int\frac{\mathrm{d}x}{x(1+2\ln x)}$.

解 $$\int\frac{\mathrm{d}x}{x(1+2\ln x)}=\int\frac{\mathrm{d}\ln x}{1+2\ln x}=\frac{1}{2}\int\frac{\mathrm{d}(1+2\ln x)}{1+2\ln x}$$

$$=\frac{1}{2}\ln|1+2\ln x|+C$$

例4.34 求不定积分$\int\cos^2x\mathrm{d}x$.

解
$$\int \cos^2 x\mathrm{d}x = \int \frac{1+\cos 2x}{2}\mathrm{d}x = \frac{1}{2}\left(\int \mathrm{d}x + \int \cos 2x\mathrm{d}x\right)$$
$$= \frac{1}{2}\int \mathrm{d}x + \frac{1}{4}\int \cos 2x\mathrm{d}2x$$
$$= \frac{1}{2}x + \frac{1}{4}\sin 2x + C$$

例 4.35　求不定积分 $\int x\ln x\mathrm{d}x$.

解
$$\int x\ln x\mathrm{d}x = \frac{1}{2}\int \ln x\mathrm{d}x^2 = \frac{1}{2}x^2\ln x - \frac{1}{2}\int x^2\cdot\frac{1}{x}\mathrm{d}x$$
$$= \frac{1}{2}x^2\ln x - \frac{1}{2}\int x\mathrm{d}x = \frac{1}{2}x^2\ln x - \frac{1}{4}x^2 + C$$

例 4.36　求不定积分 $\int \arccos x\mathrm{d}x$.

解
$$\int \arccos x\mathrm{d}x = x\arccos x - \int x\,\mathrm{d}\arccos x$$
$$= x\arccos x + \int x\frac{1}{\sqrt{1-x^2}}\mathrm{d}x$$
$$= x\arccos x - \frac{1}{2}\int (1-x^2)^{-\frac{1}{2}}\mathrm{d}(1-x^2)$$
$$= x\arccos x - \sqrt{1-x^2} + C$$

例 4.37　求不定积分 $\int \mathrm{e}^x\sin x\mathrm{d}x$.

解
$$\int \mathrm{e}^x\sin x\mathrm{d}x = \int \sin x\mathrm{d}\mathrm{e}^x = \mathrm{e}^x\sin x - \int \mathrm{e}^x\mathrm{d}\sin x$$
$$= \mathrm{e}^x\sin x - \int \mathrm{e}^x\cos x\mathrm{d}x = \mathrm{e}^x\sin x - \int \cos x\mathrm{d}\mathrm{e}^x$$
$$= \mathrm{e}^x\sin x - \mathrm{e}^x\cos x + \int \mathrm{e}^x\mathrm{d}\cos x$$
$$= \mathrm{e}^x\sin x - \mathrm{e}^x\cos x - \int \mathrm{e}^x\sin x\mathrm{d}x$$

即
$$\int \mathrm{e}^x\sin x\mathrm{d}x = \frac{1}{2}\mathrm{e}^x(\sin x - \cos x) + C$$

例 4.38　求不定积分 $\int \frac{x+1}{x^2\sqrt{x^2-1}}\mathrm{d}x$.

解 令 $x=\frac{1}{t}$,于是有

$$原式=\int\frac{\frac{1}{t}+1}{\frac{1}{t^2}\sqrt{\left(\frac{1}{t}\right)^2-1}}\left(-\frac{1}{t^2}\right)dt=-\int\frac{1+t}{\sqrt{1-t^2}}dt$$

$$=-\int\frac{1}{\sqrt{1-t^2}}dt+\int\frac{d(1-t^2)}{2\sqrt{1-t^2}}$$

$$=-\arcsin t+\sqrt{1-t^2}+C$$

$$=\frac{\sqrt{x^2-1}}{x}-\arcsin\frac{1}{x}+C$$

为了未来计算的方便,补充以下公式:

①$\int\tan x dx=-\ln|\cos x|+C.$

②$\int\cot x dx=\ln|\sin x|+C.$

③$\int\sec x dx=\ln|\sec x+\tan x|+C.$

④$\int\csc x dx=\ln|\csc x-\cot x|+C.$

⑤$\int\sin^2 x dx=\frac{x}{2}-\frac{1}{4}\sin 2x+C.$

⑥$\int\cos^2 x dx=\frac{x}{2}+\frac{1}{4}\sin 2x+C.$

⑦$\int\frac{1}{a^2+x^2}dx=\frac{1}{a}\arctan\frac{x}{a}+C.$

⑧$\int\frac{1}{x^2-a^2}dx=\frac{1}{2a}\ln\left|\frac{x-a}{x+a}\right|+C.$

⑨$\int\frac{1}{\sqrt{a^2-x^2}}dx=\arcsin\frac{x}{a}+C.$

⑩$\int\frac{dx}{\sqrt{x^2+a^2}}=\ln(x+\sqrt{x^2+a^2})+C.$

⑪$\int\frac{x}{\sqrt{x^2+a^2}}dx=\sqrt{x^2+a^2}+C.$

⑫$\int \frac{x}{\sqrt{x^2-a^2}}\mathrm{d}x = \sqrt{x^2-a^2}+C.$

习题 4.3

计算下列不定积分:

(1)$\int \frac{\mathrm{d}x}{x^2\sqrt{x}}$

(2)$\int (x^2+1)^2\mathrm{d}x$

(3)$\int a^t \cdot \mathrm{e}^t\mathrm{d}t$

(4)$\int \frac{2\cdot 3^x-5\cdot 2^x}{3^x}\mathrm{d}x$

(5)$\int \cos^2\frac{x}{2}\mathrm{d}x$

(6)$\int x^2\ln x\mathrm{d}x$

(7)$\int x^2\arctan x\mathrm{d}x$

(8)$\int (\arcsin x)^2\mathrm{d}x$

(9)$\int (x^2-1)\sin 2x\mathrm{d}x$

(10)$\int x\cos^2 x\mathrm{d}x$

(11)$\int \sin^5 x\cos^3 x\mathrm{d}x$

(12)$\int x\ln(x-1)\mathrm{d}x$

总习题 4

1. 单项选择题

(1)若 $F(x)$,$G(x)$ 均为 $f(x)$ 的原函数,则 $F'(x)-G'(x)=$(　　).

A. $f(x)$　　B. 0　　C. $F(x)$　　D. $f'(x)$

(2)若 $\int f(x)\mathrm{d}x = F(x)+C$,则 $\int \mathrm{e}^{-x}f(\mathrm{e}^{-x})\mathrm{d}x=$(　　).

A. $-F(\mathrm{e}^{-x})+C$　　B. $F(\mathrm{e}^{-x})+C$

C. $\frac{F(\mathrm{e}^{-x})}{x}+C$　　D. $F(\mathrm{e}^{x})+C$

(3)(　　)是函数 $f(x)=\frac{1}{2x}$ 的原函数.

A. $F(x)=\ln 2x$　　B. $F(x)=-\frac{1}{2x^3}$

C. $F(x)=\ln(2+x)$　　　　D. $F(x)=\frac{1}{2}\ln 3x$

(4) $\int e^x\left(1-\frac{e^{-x}}{\sqrt{x}}\right)dx$ = (　　).

A. $e^x-\sqrt{x}+c$　　　　B. $e^{-x}-2\sqrt{x}+c$

C. $e^x-2\sqrt{x}+c$　　　　D. $e^x-2\sqrt{x}$

(5) 下列分部积分中,u,dv 选择正确的是(　　).

A. $\int x\sin 2x dx$,令 $u=x$,$dv=\sin 2x dx$

B. $\int \ln x dx$,令 $u=1$,$dv=\ln x dx$

C. $\int x^2e^{-x}dx$,令 $u=e^{-x}$,$dv=x^2dx$

D. $\int xe^x dx$,令 $u=e^x$,$dv=xdx$

(6)设 $F(x)$是$f(x)$在$(-\infty,+\infty)$上的一个原函数,且 $F(x)$为奇函数,则$f(x)$是(　　).

A. 偶函数　　　　B. 奇函数

C. 非奇非偶函数　　　　D. 不能确定

(7)已知$f(x)$的一个原函数为 $\cos x$,$g(x)$的一个原函数为 x^2,则$f[g(x)]$的一个原函数为(　　).

A. x^2　　B. $\cos^2x$　　C. $\cos x^2$　　D. $\cos x$

2. 填空题

(1)$f(x)=\frac{\cos 2x}{\cos x-\sin x}$的原函数 $F(x)$ = ________.

(2)$\sin\frac{x}{3}dx$ = ________ $d\left(\cos\frac{x}{3}\right)$.

(3)$xe^{-2x^2}dx=d$ ________.

(4) $\int\left(\frac{3}{\sqrt{4-4x^2}}+2\sqrt{x}\right)dx$ = ________.

3. 求不定积分 $\int e^x(3+2^x)dx$.

4. 求不定积分 $\int \frac{1}{x}\sin(\ln x)\mathrm{d}x$.

5. 求不定积分 $\int \frac{\mathrm{d}x}{\sqrt{x+1}+\sqrt{x-1}}$,

6. 应用分部积分法求 $\int \mathrm{e}^{x}\cos x\mathrm{d}x$.

第5章　定积分及其应用

定积分是积分学中的另一个问题,本节首先通过几何和物理问题引出定积分的定义,然后讨论有关性质和计算方法,最后给出一些实际应用.

5.1　定积分的概念与性质

5.1.1　引出定积分的实例

(1)曲边梯形的面积

设函数 $y=f(x)$ 在区间 $[a,b]$ 上连续且非负,则直线 $x=a, x=b, y=0$ 及曲线 $y=f(x)$ 所围成的图形称为**曲边梯形**(见图5.1).其中,曲线弧称为**曲边**.

如何求曲边梯形的面积的近似值?

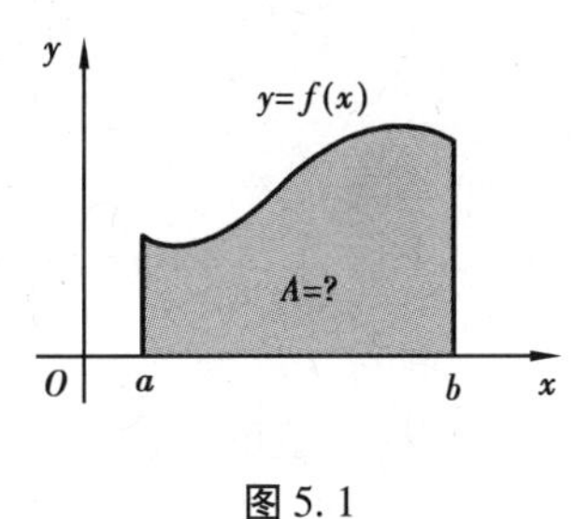

图5.1

由于 $y=f(x)$ 是一条曲线,因此,不能用原有的梯形面积公式进行计算.

能否以"直"代"曲"去进行计算呢?在整个区间 $[a,b]$ 上,以直边去代替曲边的话,误差比较大.但这样设想,将区间 $[a,b]$ 分成很多小区间,在每个小区间上用直边去代替曲边,这样每个小区间的曲边梯形面积就用小矩形的面积近似代替.所有小矩形的面积之和作为曲边梯形面积的近似值,则误差相对较小.

显然,区间 $[a,b]$ 分得越细,误差越小.具体做法如下(见图5.2):

1)分割

在区间 $[a,b]$ 中任意插入若干个分点

$$a = x_0 < x_1 < x_2 < \cdots < x_{n-1} < x_n = b \tag{5.1}$$

把 $[a,b]$ 分成 n 个小区间,即

$$[x_0,x_1],[x_1,x_2],[x_2,x_3],\cdots,[x_{n-1},x_n]$$

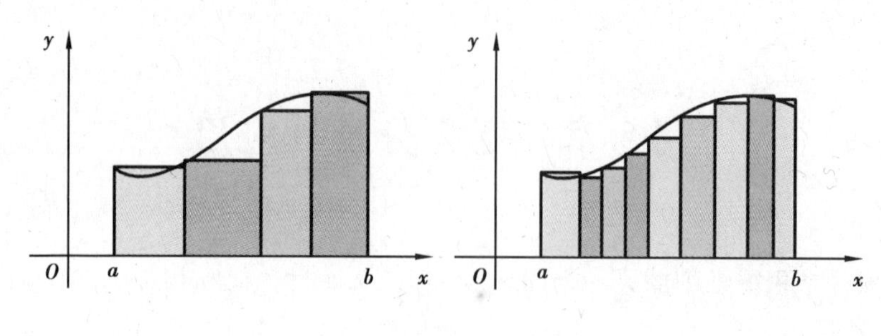

图 5.2

每个小区间的长度记为

$$\Delta x_i = x_i - x_{i-1} (i = 1,2,\cdots,n)$$

2）近似

经过每一个分点作平行于 y 轴的直线段，把曲边梯形分成 n 个窄曲边梯形. 在每个小区间$[x_{i-1},x_i]$上任取一点 ξ_i，以$[x_{i-1},x_i]$为底、$f(\xi_i)$为高的窄矩形近似替代第 i 个窄曲边梯形（$i=1,2,\cdots,n$），即第 i 个曲边梯形面积近似为

$$f(\xi_i)\Delta x_i \tag{5.2}$$

3）求和

把这样得到的 n 个窄矩形面积之和作为所求曲边梯形面积 A 的近似值，即

$$A \approx f(\xi_1)\Delta x_1 + f(\xi_2)\Delta x_2 + \cdots + f(\xi_n)\Delta x_n = \sum_{i=1}^{n} f(\xi_i)\Delta x_i \tag{5.3}$$

4）取极限

如前所述，每个小曲边梯形越窄，所求得的曲边梯形面积 A 的近似值就越接近曲边梯形面积 A 的精确值. 因此，要求曲边梯形面积 A 的精确值，只需使小曲边梯形无限地变窄，也就是说使每个小曲边梯形的宽度趋于零.

记 $\lambda = \max\{\Delta x_1,\Delta x_2,\cdots,\Delta x_n\}$，于是使每个小曲边梯形的宽度趋于零相当于令 $\lambda \to 0$. 因此，曲边梯形的面积为

$$A = \lim_{\lambda \to 0} \sum_{i=1}^{n} f(\xi_i)\Delta x_i \tag{5.4}$$

（2）变速直线运动的路程

设物体作直线运动，已知速度 $v=v(t)$ 是时间间隔$[T_1,T_2]$上关于 t 的连续函数，且$v(t) \geqslant 0$，计算在这段时间内物体所经过的路程 S.

显然，在很长时间内，不能将变速问题处理成匀速问题，但在很短的时间间隔以内，可以以匀速运动代替变速运动. 类似前面的做法，具体如下：

1)分割

在时间间隔$[T_1,T_2]$内任意插入若干个分点

$$T_1 = t_0 < t_1 < t_2 < \cdots < t_{n-1} < t_n = T_2 \tag{5.5}$$

把$[T_1,T_2]$分成 n 个小段

$$[t_0,t_1],[t_1,t_2],\cdots,[t_{n-1},t_n]$$

各小段时间的长依次为

$$\Delta t_i = t_i - t_{i-1} \quad (i = 1,2,\cdots,n)$$

相应地,在各段时间内物体经过的路程依次为

$$\Delta S_i = S_i - S_{i-1} \quad (i = 1,2,\cdots,n)$$

2)近似

在时间间隔$[t_{i-1},t_i]$上任取一个时刻$\tau_i(t_{i-1}<\tau_i<t_i)$,以$\tau_i$时刻的速度$v(\tau_i)$来代替$[t_{i-1},t_i]$上各个时刻的速度,得到部分路程$\Delta S_i$的近似值,即

$$\Delta S_i = v(\tau_i)\ \Delta t_i \quad (i = 1,2,\cdots,n) \tag{5.6}$$

3)求和

这 n 段部分路程的近似值之和就是所求变速直线运动路程 S 的近似值,即

$$S = \sum_{i=1}^{n} v(\tau_i)\Delta t_i \tag{5.7}$$

4)取极限

记$\lambda = \max\{\Delta t_1,\Delta t_2,\cdots,\Delta t_n\}$,当$\lambda\to 0$时,取上述和式的极限,即得变速直线运动的路程,即

$$S = \lim_{\lambda\to 0}\sum_{i=1}^{n} v(\tau_i)\Delta t_i \tag{5.8}$$

5.1.2 定积分的定义

综合上节讨论的两个问题,总结它们在数量关系上共同的本质与特性,均包含“分割”“近似”“求和”“取极限”的过程,根据这一特性,可抽象出以下定积分的定义:

设函数$f(x)$在$[a,b]$上有界,在$[a,b]$中任意插入若干个分点

$$a = x_0 < x_1 < x_2 < \cdots < x_{n-1} < x_n = b$$

把区间$[a,b]$分成 n 个小区间

$$[x_0, x_1], [x_1, x_2], \cdots, [x_{n-1}, x_n]$$

各小段区间的长度依次为

$$\Delta x_1 = x_1 - x_0, \Delta x_2 = x_2 - x_1, \cdots, \Delta x_n = x_n - x_{n-1}$$

在每个小区间$[x_{i-1}, x_i]$上任取一个点$\xi_i(x_{i-1} < \xi_i < x_i)$，作函数值$f(\xi_i)$与小区间长度$\Delta x_i$的乘积$f(\xi_i)\Delta x_i(i=1,2,\cdots,n)$，并求和，即

$$S = \sum_{i=1}^{n} f(\xi_i)\Delta x_i \tag{5.9}$$

记$\lambda = \max\{\Delta x_1, \Delta x_2, \cdots, \Delta x_n\}$，如果不论对$[a,b]$怎样分，也不论在小区间$[x_{i-1}, x_i]$上点$\xi_i$怎样取，只要当$\lambda \to 0$时，和$S$总趋于确定的极限$I$，这时称这个极限$I$为函数$f(x)$在区间$[a,b]$上的**定积分**，记为$\int_a^b f(x)\mathrm{d}x$，即

$$\int_a^b f(x)\mathrm{d}x = \lim_{\lambda \to 0} \sum_{i=1}^{n} f(\xi_i)\Delta x_i \tag{5.10}$$

其中，$f(x)$称为被积函数，$f(x)\mathrm{d}x$称为被积表达式，x称为积分变量，a称为积分下限，b称为积分上限，$[a,b]$称为积分区间.

根据定积分的定义，曲边梯形的面积为

$$A = \int_a^b f(x)\mathrm{d}x$$

变速直线运动的路程为

$$S = \int_{T_1}^{T_2} v(t)\mathrm{d}t$$

和$\sum_{i=1}^{n} f(\xi_i)\Delta x_i$通常称为$f(x)$的积分和. 如果函数$f(x)$在$[a,b]$上的定积分存在，就说$f(x)$在区间$[a,b]$上可积. 函数$f(x)$在$[a,b]$上满足什么条件时，$f(x)$在$[a,b]$上可积呢？

定理 5.1　设$f(x)$在区间$[a,b]$上连续，则$f(x)$在$[a,b]$上可积.

定理 5.2　设$f(x)$在区间$[a,b]$上有界，且只有有限个间断点，则$f(x)$在$[a,b]$上可积.

注 5.1　定积分的值只与被积函数及积分区间有关，而与积分变量的记法无关，即

$$\int_a^b f(x)\mathrm{d}x = \int_a^b f(t)\mathrm{d}t = \int_a^b f(u)\mathrm{d}u$$

注 5.2 在定积分的定义中，总假定 $a<b$. 对其他情形有两个规定：

1）若 $a=b$，则 $\int_a^b f(x)\,dx = 0$

2）$\int_b^a f(x)\,dx = -\int_a^b f(x)\,dx$

例 5.1 利用定义计算定积分 $\int_0^1 x^2\,dx$.

解 把区间[0,1]分成 n 等份，分点和小区间长度为

$$x_i = \frac{i}{n} \quad (i=1,2,\cdots,n-1)$$

$$\Delta x_i = \frac{1}{n} \quad (i=1,2,\cdots,n)$$

取 $\xi_i = \frac{i}{n}(i=1,2,\cdots,n)$，作积分和，即

$$\begin{aligned}\sum_{i=1}^{n} f(\xi_i)\Delta x_i &= \sum_{i=1}^{n} \xi_i^2 \Delta x_i = \sum_{i=1}^{n}\left(\frac{i}{n}\right)^2 \cdot \frac{1}{n} \\ &= \frac{1}{n^3}\sum_{i=1}^{n} i^2 = \frac{1}{n^3}\cdot\frac{1}{6}n(n+1)(2n+1) \\ &= \frac{1}{6}\left(1+\frac{1}{n}\right)\left(2+\frac{1}{n}\right)\end{aligned}$$

由于 $\lambda = \frac{1}{n}$，当 $\lambda \to 0$ 时，$n \to \infty$，因此得

$$\int_0^1 x^2\,dx = \lim_{\lambda\to 0}\sum_{i=1}^{n} f(\xi_i)\Delta x_i = \lim_{n\to\infty}\frac{1}{6}\left(1+\frac{1}{n}\right)\left(2+\frac{1}{n}\right) = \frac{1}{3}$$

5.1.3 定积分的几何意义

在区间$[a,b]$上，当 $f(x)\geqslant 0$ 时，积分 $\int_a^b f(x)\,dx$ 在几何上表示由曲线 $y=f(x)$、两条直线 $x=a$，$x=b$ 与 x 轴所围成的曲边梯形的面积；当 $f(x)\leqslant 0$ 时，由曲线 $y=f(x)$、两条直线 $x=a$，$x=b$ 与 x 轴所围成的曲边梯形位于 x 轴的下方，定积分在几何上表示上述曲边梯形面积的负值，即

$$\int_a^b f(x)\,dx = \lim_{\lambda\to 0}\sum_{i=1}^{n} f(\xi_i)\Delta x_i = -\lim_{\lambda\to 0}\sum_{i=1}^{n}\left[-f(\xi_i)\right]\Delta x_i$$

$$= -\int_a^b [-f(x)]\mathrm{d}x$$

当$f(x)$既取得正值又取得负值时，函数$f(x)$的图形某些部分在x轴的上方，而其他部分在x轴的下方. 如果对面积赋以正负号，在x轴上方的图形面积赋以正号，在x轴下方的图形面积赋以负号，则在一般情形下，定积分$\int_a^b f(x)\mathrm{d}x$的几何意义为：它是介于x轴、函数$f(x)$的图形及两条直线$x=a$，$x=b$之间的各部分面积的代数和（见图 5.3）.

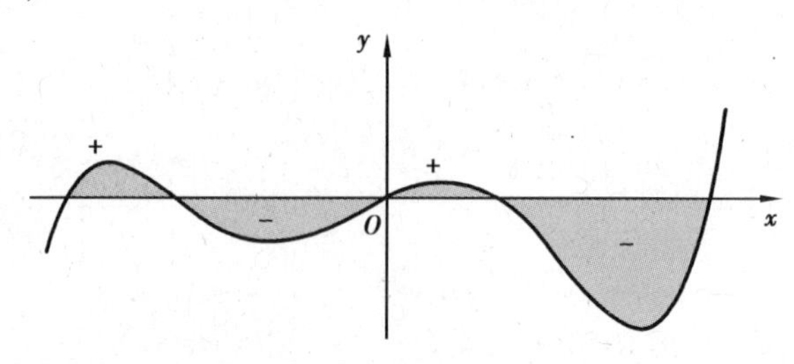

图 5.3

例 5.2 用定积分的几何意义求$\int_0^1 (1-x)\mathrm{d}x$.

解 函数$y=1-x$在区间$[0,1]$上的定积分是以$y=1-x$为曲边、以区间$[0,1]$为底的曲边梯形的面积. 由于以$y=1-x$为曲边、以区间$[0,1]$为底的曲边梯形是一直角三角形，其底边长及高均为 1，因此得

$$\int_0^1 (1-x)\mathrm{d}x = \frac{1}{2}\times 1\times 1 = \frac{1}{2}$$

5.1.4 定积分的性质

为了进一步方便定积分的计算，在假定定积分存在的条件下，有以下一些性质：

性质 5.1 如果在区间$[a,b]$上$f(x)\equiv 1$，则

$$\int_a^b 1\mathrm{d}x = \int_a^b \mathrm{d}x = b-a \tag{5.11}$$

证明 $\int_a^b 1\mathrm{d}x = \lim\limits_{\lambda\to 0}\sum\limits_{i=1}^{n}[f(\xi_i)]\Delta x_i = \lim\limits_{\lambda\to 0}\sum\limits_{i=1}^{n}\Delta x_i = \sum\limits_{i=1}^{n}\Delta x_i = b-a$

性质 5.2 函数的和（差）的定积分等于它们的定积分的和（差），即

$$\int_a^b [f(x) \pm g(x)]\mathrm{d}x = \int_a^b f(x)\mathrm{d}x \pm \int_a^b g(x)\mathrm{d}x \tag{5.12}$$

证明 $\int_a^b [f(x) \pm g(x)]\mathrm{d}x = \lim\limits_{\lambda\to 0}\sum\limits_{i=1}^{n} [f(\xi_j) \pm g(\xi_i)]\Delta x_i$

$$= \lim_{\lambda\to 0}\sum_{i=1}^{n} f(\xi_i)\Delta x_i \pm \lim_{\lambda\to 0}\sum_{i=1}^{n} g(\xi_i)\Delta x_i$$

$$= \int_a^b f(x)\mathrm{d}x \pm \int_a^b g(x)\mathrm{d}x$$

性质5.3　被积函数的常数因子可提到积分号外面,即

$$\int_a^b kf(x)\mathrm{d}x = k\int_a^b f(x)\mathrm{d}x \tag{5.13}$$

证明 $\int_a^b kf(x)\mathrm{d}x = \lim\limits_{\lambda\to 0}\sum\limits_{i=1}^{n} kf(\xi_i)\Delta x_i = k\lim\limits_{\lambda\to 0}\sum\limits_{i=1}^{n} f(\xi_i)\Delta x_i = k\int_a^b f(x)\mathrm{d}x$

性质5.4**(积分区间可加性)**　如果将积分区间分成两部分,则在整个区间上的定积分等于这两部分区间上定积分之和,即

$$\int_a^b f(x)\mathrm{d}x = \int_a^c f(x)\mathrm{d}x + \int_c^b f(x)\mathrm{d}x \tag{5.14}$$

证明从略.

这个性质表明,定积分对于积分区间具有可加性.

值得注意的是,不论 a、b、c 的相对位置如何,总有等式(5.14)恒成立.

性质5.5**(保号性)**　如果在区间$[a,b]$上$f(x)\geqslant 0$,则

$$\int_a^b f(x)\mathrm{d}x \geqslant 0(a < b) \tag{5.15}$$

该性质可通过定积分的几何意义得到,由于所围成图形在 x 轴的上方,因此其面积的代数和大于等于0.

性质5.6**(保序性)**　如果在区间$[a,b]$上$f(x)\leqslant g(x)$,则

$$\int_a^b f(x)\mathrm{d}x \leqslant \int_a^b g(x)\mathrm{d}x(a < b) \tag{5.16}$$

证明　由于$g(x) - f(x)\geqslant 0$,从而得

$$\int_a^b g(x)\mathrm{d}x - \int_a^b f(x)\mathrm{d}x = \int_a^b [g(x) - f(x)]\mathrm{d}x \geqslant 0$$

上式整理后,得

$$\int_a^b f(x)\mathrm{d}x \leqslant \int_a^b g(x)\mathrm{d}x$$

性质 5.7 $\left|\int_a^b f(x)\mathrm{d}x\right| \leqslant \int_a^b |f(x)|\mathrm{d}x(a<b)$.

证明 由于 $-|f(x)| \leqslant f(x) \leqslant |f(x)|$,因此得

$$-\int_a^b |f(x)|\mathrm{d}x \leqslant \int_a^b f(x)\mathrm{d}x \leqslant \int_a^b |f(x)|\mathrm{d}x$$

即

$$\left|\int_a^b f(x)\mathrm{d}x\right| \leqslant \int_a^b |f(x)|\mathrm{d}x \tag{5.17}$$

性质 5.8(估值定理) 设 M 及 m 分别是函数 $f(x)$ 在区间 $[a,b]$ 上的最大值及最小值,则

$$m(b-a) \leqslant \int_a^b f(x)\mathrm{d}x \leqslant M(b-a)(a<b) \tag{5.18}$$

证明 由于 $m \leqslant f(x) \leqslant M$,因此得

$$\int_a^b m\mathrm{d}x \leqslant \int_a^b f(x)\mathrm{d}x \leqslant \int_a^b M\mathrm{d}x$$

从而得

$$m(b-a) \leqslant \int_a^b f(x)\mathrm{d}x \leqslant M(b-a)$$

注 5.3 性质 5.2 可推广到有限多个函数作和的情况.

例 5.3 比较定积分 $\int_0^{-2} \mathrm{e}^x\mathrm{d}x$ 和 $\int_0^{-2} x\mathrm{d}x$ 的大小.

解 令 $f(x)=\mathrm{e}^x-x$,在区间 $[-2,0]$ 上,因为 $f(x)>0$,所以

$$\int_{-2}^0 (\mathrm{e}^x-x)\mathrm{d}x>0$$

故

$$\int_{-2}^0 \mathrm{e}^x\mathrm{d}x > \int_{-2}^0 x\mathrm{d}x$$

于是得

$$\int_0^{-2} \mathrm{e}^x\mathrm{d}x < \int_0^{-2} x\mathrm{d}x$$

例 5.4 估计积分 $\int_0^\pi \frac{1}{3+\sin^3 x}\mathrm{d}x$ 的值.

解 对 $\forall x\in[0,\pi]$,$0\leqslant \sin^3 x \leqslant 1$,$\frac{1}{4} \leqslant \frac{1}{3+\sin^3 x} \leqslant \frac{1}{3}$,故

$$\int_0^\pi \frac{1}{4}\mathrm{d}x \leqslant \int_0^\pi \frac{1}{3+\sin^3 x}\mathrm{d}x \leqslant \int_0^\pi \frac{1}{3}\mathrm{d}x$$

于是得

$$\frac{\pi}{4} \leqslant \int_0^{\pi} \frac{1}{3 + \sin^3 x} dx \leqslant \frac{\pi}{3}$$

5.1.5 积分中值定理

下面讨论定积分与函数值之间的关系,有以下积分中值定理:

定积分中值定理 如果函数$f(x)$在闭区间$[a,b]$上连续,则在积分区间$[a,b]$上至少存在一个点ξ,使下式成立,即

$$\int_a^b f(x)\mathrm{d}x = f(\xi)(b-a) \tag{5.19}$$

这个公式称为**积分中值公式**.

证明 由性质5.8,即

$$m(b-a) \leqslant \int_a^b f(x)\mathrm{d}x \leqslant M(b-a)$$

各项除以$b-a$,得

$$m \leqslant \frac{1}{b-a}\int_a^b f(x)\mathrm{d}x \leqslant M$$

再由连续函数的介值定理,在$[a,b]$上至少存在一点ξ,使得

$$f(\xi) = \frac{1}{b-a}\int_a^b f(x)\mathrm{d}x$$

于是两端乘以$b-a$得中值公式,即

$$\int_a^b f(x)\mathrm{d}x = f(\xi)(b-a)$$

积分中值公式的几何解释:在区间$[a,b]$上存在一点ξ,使得以区间$[a,b]$以$y=f(x)$为曲边的曲边梯形的面积等于同一底边而高为$f(\xi)$的矩形的面积.

注5.4 不论$a<b$还是$a>b$,积分中值公式都成立.

例5.5 对于定积分$\int_0^1 2x^2\mathrm{d}x$,求其满足定积分中值公式的ξ.

解 $f(x)=2x^2$在区间$[0,1]$上连续,因此满足中值定理的条件.

根据定积分中值公式,有

$$2\xi^2(1-0) = \int_0^1 2x^2\mathrm{d}x = \frac{2}{3}$$

解得

$$\xi = \frac{\sqrt{3}}{3}$$

习题 5.1

1. 选择题:

(1) 函数 $f(x)$ 在 $x \in [a,b]$ 且连续，则 $y=f(x)$、x 轴、$x=a$ 与 $x=b$ 围成图形的面积 $s=$(　　).

A. $\int_a^b f(x)\mathrm{d}x$　　B. $\left|\int_a^b f(x)\mathrm{d}x\right|$

C. $\int_a^b |f(x)|\mathrm{d}x$　　D. $\dfrac{[f(b)+f(a)](b-a)}{2}$

(2) $I_1 = \int_3^4 \ln x\mathrm{d}x, I_2 = \int_3^4 \ln^2 x\mathrm{d}x$，则 I_1 与 I_2 大小关系为(　　).

A. $\geqslant$　　B. $\leqslant$　　C. $>$　　D. $<$

(3) 积分 $\int_{-1}^1 \sqrt{x^2}\mathrm{d}x$ 的值是(　　).

A. 0　　B. 1　　C. $\frac{1}{2}$　　D. 2

2. 填空题:

(1) $\dfrac{\mathrm{d}}{\mathrm{d}x}\int_a^b \sin(x^2+1)\mathrm{d}x =$ ________.

(2) 利用定积分的几何意义求 $\int_0^1 x\mathrm{d}x =$ ________.

(3) 积分 $\int_{\frac{1}{3}}^1 x^2 \ln x\mathrm{d}x$ 值的符号是________.

(4) 积分 $I_1 = \int_1^2 \ln x\mathrm{d}x$ 与 $I_2 = \int_1^2 \ln^2 x\mathrm{d}x$ 的大小关系为________.

(5) 若在区间 $[a,b]$ 上，$f(x) \geqslant 0$，则 $\int_a^b f(x)\mathrm{d}x$ ________ 0.

(6) 定积分中值定理中设 $f(x)$ 在 $[a,b]$ 上连续，则至少存在一点 $\xi \in (a,b)$，使得 $f(\xi) =$ ________.

3. 估计定积分$\int_0^2 (e^x - x)\,dx$的值.

4. 计算定积分$\int_0^1 (3x^2 + x - 2)\,dx$.

5.2 微积分基本公式

直接利用定积分的定义求定积分比较复杂,当被积函数比较复杂的时候,即使利用上节有关定积分的性质,有些定积分还是很难求出,为此,必须寻求新的求定积分的方法.下面首先介绍变上限积分定义的函数及其导数,然后给出体现定积分与原函数关系的牛顿-莱布尼兹公式.

5.2.1 变上限积分定义的函数及其导数

设函数$f(x)$在区间$[a,b]$上连续,则$f(x)$在区间$[a,b]$上的定积分$\int_a^b f(x)\,dx$存在.若取x为$[a,b]$上的一点,则定积分$\int_a^x f(x)\,dx$也存在.

设函数$f(x)$在区间$[a,b]$上连续,把函数$f(x)$在部分区间$[a,x]$上的定积分

$$\int_a^x f(x)\,dx$$

称为**变上限积分定义的函数**(简称**积分上限函数**).由于其上限为变量x,因此它是区间$[a,b]$上的函数,记为

$$\Phi(x) = \int_a^x f(x)\,dx \qquad x \in [a,b] \tag{5.20}$$

由于定积分的定义与积分变量无关,因此式(5.20)也可记为

$$\Phi(x) = \int_a^x f(t)\,dt \qquad x \in [a,b] \tag{5.21}$$

积分上限函数$\Phi(x)$具有以下性质:

定理5.3 如果函数$f(x)$在区间$[a,b]$上连续,则函数

$$\Phi(x) = \int_a^x f(x)\,dx$$

在$[a,b]$上具有导数(可导),并且它的导数为

$$\Phi'(x)=\frac{\mathrm{d}}{\mathrm{d}x}\int_a^x f(t)\,\mathrm{d}t=f(x)\quad(a\leqslant x\leqslant b)\tag{5.22}$$

证明 若 $x\in(a,b)$，取 Δx 使 $x+\Delta x\in(a,b)$.

$$\begin{aligned}\Delta\Phi&=\Phi(x+\Delta x)-\Phi(x)=\int_a^{x+\Delta x}f(t)\,\mathrm{d}t-\int_a^x f(t)\,\mathrm{d}t\\&=\int_a^x f(t)\,\mathrm{d}t+\int_x^{x+\Delta x}f(t)\,\mathrm{d}t-\int_a^x f(t)\,\mathrm{d}t\\&=\int_x^{x+\Delta x}f(t)\,\mathrm{d}t\end{aligned}$$

应用积分中值定理，有 $\Delta\Phi=f(\xi)\Delta x$，其中 ξ 在 x 与 $x+\Delta x$ 之间.

当 $\Delta x\to 0$ 时，$\xi\to x$，又因为函数 $f(x)$ 在区间 $[a,b]$ 上连续，于是得

$$\Phi'(x)=\lim_{\Delta x\to 0}\frac{\Delta\Phi}{\Delta x}=\lim_{\Delta x\to 0}f(\xi)=\lim_{\xi\to x}f(\xi)=f(x)$$

若 $x=a$，取 $\Delta x>0$，则同理可证 $\Phi'_+(x)=f(a)$；若 $x=b$，取 $\Delta x<0$，则同理可证 $\Phi'_-(x)=f(b)$.

根据该定理可知，$\Phi(x)=\int_a^x f(x)\,\mathrm{d}x$ 的导数是被积函数在积分上限处的取值；$\Phi(x)=\int_a^x f(x)\,\mathrm{d}x$ 是 $f(x)$ 的一个原函数. 为了理解方便，将叙述成以下的原函数存在定理：

定理 5.4 如果函数 $f(x)$ 在区间 $[a,b]$ 上连续，则函数

$$\Phi(x)=\int_a^x f(x)\,\mathrm{d}x$$

就是 $f(x)$ 在 $[a,b]$ 上的一个原函数.

证明从略.

注 5.5 以上两个定理表明，一方面肯定了连续函数的原函数是存在的；另一方面初步地揭示了积分学中的定积分与原函数之间的联系.

例 5.6 求 $\lim\limits_{x\to 0}\dfrac{\int_0^x(\mathrm{e}^{-t}-1)\,\mathrm{d}t}{x^2}$.

解 这是 $\dfrac{0}{0}$ 型未定式，应用洛必达法则，则

$$\lim_{x\to 0}\frac{\int_0^x(\mathrm{e}^{-t}-1)\,\mathrm{d}t}{x^2}=\lim_{x\to 0}\frac{\left(\int_0^x(\mathrm{e}^{-t}-1)\,\mathrm{d}t\right)'}{(x^2)'}$$

$$=\lim_{x\to 0}\frac{e^{-x}-1}{2x}=\lim_{x\to 0}\frac{-e^{-x}}{2}=-\frac{1}{2}$$

5.2.2 牛顿-莱布尼兹公式

现在给出用原函数计算定积分的方法,即牛顿-莱布尼茨公式.

定理5.5 如果函数 $F(x)$ 是连续函数 $f(x)$ 在区间 $[a,b]$ 上的一个原函数,则

$$\int_a^b f(x)\mathrm{d}x = F(b) - F(a) \tag{5.23}$$

式(5.23)称为**牛顿-莱布尼茨公式**,也称为**微积分基本公式**.

证明 已知函数 $F(x)$ 是连续函数 $f(x)$ 的一个原函数,又根据定理5.4,积分上限函数 $\Phi(x)=\int_a^x f(t)\mathrm{d}t$ 也是 $f(x)$ 的一个原函数. 于是有一常数 C,使得

$$F(x)-\Phi(x)=C(a\leqslant x\leqslant b)$$

当 $x=a$ 时,有 $F(a)-\Phi(a)=C$,而 $\Phi(a)=0$,因此 $F(a)=C$.

当 $x=b$ 时,有 $F(b)-\Phi(b)=C=F(a)$,因此 $\Phi(b)=F(b)-F(a)$,即

$$\int_a^b f(x)\mathrm{d}x = F(b) - F(a)$$

为了方便起见,可把 $F(b)-F(a)$ 记为 $F(x)\big|_a^b$,于是得

$$\int_a^b f(x)\mathrm{d}x = F(x)\Big|_a^b = F(b) - F(a)$$

注5.6 微积分基本公式揭示了定积分与被积函数的原函数或不定积分之间的联系.

注5.7 微积分基本公式表明,$\int_a^b f(x)\mathrm{d}x$ 等于一个原函数在积分区间上的增量.

例5.7 计算 $\int_0^2 x^3\mathrm{d}x$.

解 由于 $\frac{1}{4}x^4$ 是 x^3 的一个原函数,因此得

$$\int_0^2 x^3\mathrm{d}x = \frac{1}{4}x^4\Big|_0^2 = \frac{1}{4}\cdot 2^4 - \frac{1}{4}\cdot 0^4 = 4$$

习题 5.2

1. 选择题：

(1) $f(x)$ 连续，$I=\int_0^{\frac{x}{2}} f(s)\mathrm{d}s$，则下列结论正确的是（　　）.

A. I 是 s 和 x 的函数　　B. I 是 s 的函数

C. I 是 x 的函数　　D. I 是常数

(2) $f(x)$ 为连续的奇函数，又 $F(x)=\int_0^x f(t)\mathrm{d}t$，则 $F(-x)=$（　　）.

A. $F(x)$　　B. $-F(x)$　　C. 0　　D. 非零常数

(3) 当 $x\to 0$ 时，$f(x)=\int_0^{\sin x}\sin t^2\mathrm{d}t$ 与 $g(x)=x^3+x^4$ 比较是（　　）.

A. 高阶无穷小　　B. 低阶无穷小

C. 同阶但非等价无穷小　　D. 等价无穷小

2. 填空题：

(1) 设 $F(x)=\int_0^{x^2} \mathrm{e}^{\sqrt{t}}\mathrm{d}t, x>0$，则 $F'(y)=$ ________.

(2) $\dfrac{\mathrm{d}}{\mathrm{d}x}\displaystyle\int_0^{x^2}\frac{\sin t}{1+\cos^2 t}\mathrm{d}t=$ ________.

(3) 设 $F(x)=\int_{\varphi(x)}^3 \sin^3 t\mathrm{d}t$，$\varphi(x)$ 可导，则 $F'(x)=$ ________.

(4) $\lim\limits_{x\to 0}\dfrac{\int_0^x\sqrt{1+t^2}\mathrm{d}t}{x}=$ ________.

(5) $\lim\limits_{x\to 0}\dfrac{\int_0^x\sin t\mathrm{d}t}{x^2}=$ ________.

3. 求 $\int_1^x \sin t^2\mathrm{d}t$ 的导数.

4. 计算 $\int_1^4 (1-\sqrt{x})^2\dfrac{1}{\sqrt{x}}\mathrm{d}x$.

5.3 定积分的计算

会进行定积分的计算是学好定积分乃至是学好微积分的重要内容之一. 本节将讨论常用的定积分计算方法.

5.3.1 应用牛顿-莱布尼兹公式计算定积分

在上节学习了牛顿-莱布尼茨公式,它建立了定积分与不定积分之间的联系,也给出了定积分的计算方法. 应用牛顿-莱布尼茨公式计算定积分的核心在于求被积函数的原函数. 一旦得到被积函数的原函数,就可将原函数在积分上限的函数值与在积分下限的函数值之差作为定积分的值. 下面举例给予说明:

例 5.8 计算 $\int_1^{\sqrt{3}} \frac{dx}{1+x^2}$.

解 由于 $\arctan x$ 是$\frac{1}{1+x^2}$的一个原函数,因此得

$$\int_1^{\sqrt{3}} \frac{dx}{1+x^2} = \arctan x \Big|_1^{\sqrt{3}} = \arctan\sqrt{3} - \arctan(1) = \frac{\pi}{3} - \frac{\pi}{4} = \frac{\pi}{12}$$

例 5.9 计算 $\int_0^{\frac{\pi}{2}} \cos x dx$.

解

$$\int_0^{\frac{\pi}{2}} \cos x dx = \sin x \Big|_0^{\frac{\pi}{2}} = 1 - 0 = 1$$

5.3.2 定积分的换元积分方法

由于有适合于求不定积分的换元积分法,而牛顿-莱布尼茨公式建立了定积分与不定积分之间的联系,因此可以得到适合于定积分的换元积分法.

定理 5.6 假设函数 $f(x)$ 在区间 $[a,b]$ 上连续,函数 $x=\varphi(t)$ 满足条件:

①$\varphi(\alpha)=a, \varphi(\beta)=b$.

②$\varphi(t)$ 在 $[\alpha,\beta]$(或 $[\beta,\alpha]$)上具有连续导数,且其值域不越出 $[a,b]$,则有

$$\int_a^b f(x) dx = \int_\alpha^\beta f[\varphi(t)]\varphi'(t) dt \tag{5.24}$$

式(5.24)称为**定积分的换元公式**.

证明 由假设可知,$f(x)$在区间$[a,b]$上连续,因而是可积的.$f[\varphi(t)]\varphi'(t)$在区间$[\alpha,\beta]$(或$[\beta,\alpha]$)上也是连续的,因而是可积的.

假设$F(x)$是$f(x)$的一个原函数,则

$$\int_a^b f(x)\,\mathrm{d}x = F(b) - F(a)$$

另一方面,因为$\{F[\varphi(t)]\}' = F'[\varphi(t)]\varphi'(t) = f[\varphi(t)]\varphi'(t)$,所以$F[\varphi(t)]$是$f[\varphi(t)]\varphi'(t)$的一个原函数,从而有

$$\int_\alpha^\beta f[\varphi(t)]\varphi'(t)\,\mathrm{d}t = F[\varphi(\beta)] - F[\varphi(\alpha)] = F(b) - F(a)$$

因此,得

$$\int_a^b f(x)\,\mathrm{d}x = \int_\alpha^\beta f[\varphi(t)]\varphi'(t)\,\mathrm{d}t$$

例5.10 求定积分$\int_0^4 \frac{\mathrm{d}x}{\sqrt{x}+1}$.

解 令$\sqrt{x}=t$,则$x=t^2$,$\mathrm{d}x=2t\mathrm{d}t$.当$x$从0变到4时,$t$从0变到2.于是得

$$\int_0^4 \frac{\mathrm{d}x}{\sqrt{x}+1} = \int_0^2 \frac{2t\mathrm{d}t}{t+1} = \int_0^2 \frac{2(t+1)-2}{t+1}\mathrm{d}t$$

$$= \int_0^2 2\mathrm{d}t - 2\int_0^2 \frac{1}{t+1}\mathrm{d}t$$

$$= [2t - 2\ln(t+1)]\Big|_0^2 = 4 - 2\ln 3$$

例5.11 求定积分$\int_0^1 \sqrt{1-x^2}\,\mathrm{d}x$.

解

$$\int_0^1 \sqrt{1-x^2}\,\mathrm{d}x \xlongequal{\text{令 } x=\sin t} \int_0^{\frac{\pi}{2}} \cos t \cdot \cos t\,\mathrm{d}t$$

$$= \int_0^{\frac{\pi}{2}} \cos^2 t\,\mathrm{d}t = \frac{1}{2}\int_0^{\frac{\pi}{2}} (1+\cos 2t)\,\mathrm{d}t$$

$$= \frac{1}{2}\left[t + \frac{1}{2}\sin 2t\right]_0^{\frac{\pi}{2}} = \frac{1}{4}\pi.$$

实际上,在区间$[0,1]$上,$y=\sqrt{1-x^2}$表示圆$x^2+y^2=1$的$\frac{1}{4}$,根据几何意义可得上述结果.

注 5.8 如果被积函数出现根式,在利用换元积分法时,可令根式为一个新的变量 t.

注 5.9 在换元积分法中,要注意新变量的取值范围,即一旦换元,积分上下限也要随之改变.

5.3.3 定积分的分部积分方法

根据不定积分的分部积分法,可以得到定积分的分部积分法,有以下定理:

定理 5.7 设函数 $u(x),v(x)$ 在区间 $[a,b]$ 上具有连续导数 $u'(x),v'(x)$,则

$$\int_a^b uv'\mathrm{d}x = uv\Big|_a^b - \int_a^b u'v\mathrm{d}x \tag{5.25}$$

或

$$\int_a^b u\mathrm{d}v = uv\Big|_a^b - \int_a^b v\mathrm{d}u \tag{5.26}$$

这就是定积分的**分部积分公式**.

证明 由于函数 $u(x),v(x)$ 在区间 $[a,b]$ 上具有连续导数,根据乘法的求导法则,有

$$(uv)' = u'v + uv'$$

于是得

$$uv' = (uv)' - u'v$$

对上式两端在区间 $[a,b]$ 上积分,得

$$\int_a^b uv'\mathrm{d}x = uv\Big|_a^b - \int_a^b u'v\mathrm{d}x$$

根据微分形式的不变性,可得式(5.26).

例 5.12 求定积分 $\int_1^2 \ln x\mathrm{d}x$.

解

$$\begin{aligned}\int_1^2 \ln x\mathrm{d}x &= x\ln x\Big|_1^2 - \int_1^2 x\mathrm{d}(\ln x)\\ &= 2\ln 2 - \int_1^2 x\cdot\frac{1}{x}\mathrm{d}x\\ &= 2\ln 2 - 1\end{aligned}$$

例 5.13 计算 $\int_0^1 x\mathrm{e}^x\mathrm{d}x$.

解
$$\int_0^1 xe^x dx = \int_0^1 x de^x = xe^x \Big|_0^1 - \int_0^1 e^x dx$$
$$= e - e^x \Big|_0^1 = 1$$

注 5.10 什么情况下需要用定积分的分部积分法,可参考不定积分分部积分法的适用情形.

5.3.4 定积分的计算综合举例

为了充分理解定积分的计算方法,本节将再次举例说明.

例 5.14 计算 $\int_{-2}^{2} \frac{1}{x} dx$.

解
$$\int_{-2}^{2} \frac{1}{x} dx = \ln|x| \Big|_{-2}^{2} = \ln 2 - \ln 2 = 0$$

实际上,$\frac{1}{x}$在$[-2,2]$上是奇函数,当$x[-2,0]$时,被积函数在x轴的下方,当$x[0,2]$时,被积函数在x轴的上方,根据奇函数的对称性,所围成图形在x轴的上、下方的面积相等. 根据定积分的几何意义,可得结果为0.

注 5.11 如果$f(x)$为奇函数,积分区间为对称区间,则其定积分为0,即$\int_{-a}^{a} f(x) dx = 0$.

例 5.15 计算 $\int_{-\frac{\pi}{2}}^{\frac{\pi}{2}} \cos x dx$.

解
$$\int_{-\frac{\pi}{2}}^{\frac{\pi}{2}} \cos x dx = \sin x \Big|_{-\frac{\pi}{2}}^{\frac{\pi}{2}} = 1 - (-1) = 2$$

实际上,$\cos x$ 在$\left[-\frac{\pi}{2},\frac{\pi}{2}\right]$上是偶函数,根据偶函数关于$y$轴的对称的性质$\int_{-\frac{\pi}{2}}^{\frac{\pi}{2}} \cos x dx = 2\int_{0}^{\frac{\pi}{2}} \cos x dx$.

注 5.12 如果$f(x)$为偶函数,则$\int_{-a}^{a} f(x) dx = 2\int_{0}^{a} f(x) dx$.

例 5.16 计算 $\int_{-1}^{2} |x| \mathrm{d}x$.

解

$$\begin{aligned}\int_{-1}^{2} |x| \mathrm{d}x &= \int_{-1}^{0} |x| \mathrm{d}x + \int_{0}^{2} |x| \mathrm{d}x \\ &= \int_{-1}^{0} -x\mathrm{d}x + \int_{0}^{2} x\mathrm{d}x \\ &= -\frac{1}{2}x^2 \Big|_{-1}^{0} + \frac{1}{2}x^2 \Big|_{0}^{2} = \frac{1}{2} + 2 = \frac{5}{2}\end{aligned}$$

注 5.13 绝对值函数的定积分,需要根据积分变量的不同取值范围将绝对值展开.

例 5.17 求定积分 $\int_{0}^{a} \sqrt{a^2 - x^2}\mathrm{d}x (a > 0)$.

解

$$\begin{aligned}\int_{0}^{a} \sqrt{a^2 - x^2}\mathrm{d}x &\xlongequal{\text{令 } x = a\sin t} \int_{0}^{\frac{\pi}{2}} a\cos t \cdot a\cos t\mathrm{d}t \\ &= a^2 \int_{0}^{\frac{\pi}{2}} \cos^2 t\mathrm{d}t = \frac{a^2}{2} \int_{0}^{\frac{\pi}{2}} (1 + \cos 2t)\mathrm{d}t \\ &= \frac{a^2}{2}\left(t + \frac{1}{2}\sin 2t\right) \Big|_{0}^{\frac{\pi}{2}} = \frac{1}{4}\pi a^2\end{aligned}$$

例 5.18 求定积分 $\int_{0}^{1} \frac{1}{1 + x^2}\mathrm{d}x$.

解

$$\int_{0}^{1} \frac{1}{1 + x^2}\mathrm{d}x \xlongequal{\text{令 } x = \tan t} \int_{0}^{\frac{\pi}{4}} \frac{\sec^2 t}{\sec^2 t}\mathrm{d}t = \int_{0}^{\frac{\pi}{4}} \mathrm{d}t = \frac{\pi}{4}$$

例 5.19 求定积分 $\int_{0}^{\frac{\pi}{2}} \cos^5 x \sin x\mathrm{d}x$.

解

$$\begin{aligned}\int^{\frac{\pi}{2}} \cos^5 x \sin x\mathrm{d}x &= -\int_{0}^{\frac{\pi}{2}} \cos^5 x\mathrm{d}\cos x \\ &\xlongequal{\text{令 } \cos x = t} -\int_{1}^{0} t^5\mathrm{d}t = \int_{0}^{1} t^5\mathrm{d}t = \frac{1}{6}t^6 \Big|_{0}^{1} = \frac{1}{6}\end{aligned}$$

熟悉以后,可直接这样表述,即

$$\begin{aligned}\int_{0}^{\frac{\pi}{2}} \cos^5 x \sin x\mathrm{d}x &= -\int_{0}^{\frac{\pi}{2}} \cos^5 x\mathrm{d}\cos x \\ &= -\frac{1}{6}\cos^6 x \Big|_{0}^{\frac{\pi}{2}} = \frac{1}{6}\end{aligned}$$

例 5.20 求$\int_0^{\frac{1}{2}} \arcsin x\mathrm{d}x$.

解

$$\begin{aligned}\int_0^{\frac{1}{2}} \arcsin x\mathrm{d}x &= x\arcsin x\Big|_0^{\frac{1}{2}} - \int_0^{\frac{1}{2}} x\,\mathrm{d}\arcsin x \\ &= \frac{1}{2}\cdot\frac{\pi}{6} - \int_0^{\frac{1}{2}} \frac{x}{\sqrt{1-x^2}}\mathrm{d}x \\ &= \frac{\pi}{12} + \frac{1}{2}\int_0^{\frac{1}{2}} \frac{1}{\sqrt{1-x^2}}\mathrm{d}(1-x^2) \\ &= \frac{\pi}{12} + \sqrt{1-x^2}\Big|_0^{\frac{1}{2}} \\ &= \frac{\pi}{12} + \frac{\sqrt{3}}{2} - 1\end{aligned}$$

例 5.21 求定积分$\int_0^{\frac{\pi}{2}} \sqrt{1-\sin 2x}\mathrm{d}x$.

解

$$\begin{aligned}\int_0^{\frac{\pi}{2}} \sqrt{1-\sin 2x}\mathrm{d}x &= \int_0^{\frac{\pi}{2}} |\sin x - \cos x|\mathrm{d}x \\ &= \int_0^{\frac{\pi}{4}} (\cos x - \sin x)\mathrm{d}x + \int_{\frac{\pi}{4}}^{\frac{\pi}{2}} (\sin x - \cos x)\mathrm{d}x \\ &= (\sin x + \cos x)\Big|_0^{\frac{\pi}{4}} + (-\cos x - \sin x)\Big|_{\frac{\pi}{4}}^{\frac{\pi}{2}} \\ &= 2\sqrt{2} - 2\end{aligned}$$

例 5.22 求定积分$\int_0^1 \mathrm{e}^{\sqrt{x}}\mathrm{d}x$.

解 令$\sqrt{x}=t$,则

$$\begin{aligned}\int_0^1 \mathrm{e}^{\sqrt{x}}\mathrm{d}x &= 2\int_0^1 \mathrm{e}^t t\mathrm{d}t \\ &= 2\int_0^1 t\mathrm{d}\mathrm{e}^t \\ &= 2(t\mathrm{e}^t)\Big|_0^1 - 2\int_0^1 \mathrm{e}^t\mathrm{d}t \\ &= 2\mathrm{e} - 2\mathrm{e}^t\Big|_0^1 = 2\end{aligned}$$

注 5.14 有时需要将多种积分方法综合使用,如上例.

习题 5.3

1. 选择题:

(1) 设 $e^x = t$,则 $\int_0^1 \frac{\sqrt{e^x}}{\sqrt{e^x + e^{-x}}}dx = (\qquad)$.

A. $\int_0^e \frac{\sqrt{t}}{\sqrt{t + t^{-1}}}dt$　　B. $\int_0^e \frac{1}{\sqrt{1 + t}}dt$

C. $\int_1^e \frac{1}{\sqrt{1 + t^2}}dt$　　D. $\int_1^e \frac{\sqrt{t}}{\sqrt{t + t^{-1}}}dt$

(2) $f(x)$ 在给定区间连续,则 $\int_0^a x^3 f(x^2)\,dx = (\qquad)$.

A. $\frac{1}{2}\int_0^a xf(x)\,dx$　　B. $\frac{1}{2}\int_0^{a^2} xf(x)\,dx$

C. $2\int_0^{a^2} xf(x)\,dx$　　D. $\int_0^a xf(x)\,dx$

(3) 积分 $\int_1^e \frac{\ln x}{x}dx$ 的值是(　　).

A. $\frac{e^2}{2} - \frac{1}{2}$　　B. $\frac{1}{2e^2} - \frac{1}{2}$

C. $\frac{1}{2}$　　D. -1

2. 填空题:

(1) $\int_{-5}^5 \frac{x^2 \sin^3 x}{1 + x^4}dx =$ ________.

(2) 设 $F(x)$ 是连续函数 $f(x)$ 在区间 $[a,b]$ 上的任意一个原函数,则 $\int_a^b f(x)\,dx =$ ________.

(3) $\int_{-\frac{\pi}{2}}^{\frac{\pi}{2}} \cos x e^{\sin x}\,dx =$ ________.

(4) 设$f(x)=\int_1^{1+x^3}\sin t^3\mathrm{d}t$,则$f'(x)=$ ________.

(5) $\int_0^{\pi}\cos^2 x\mathrm{d}x=$ ________.

3. 计算$\int_5^6\frac{1}{2x+x^2}\mathrm{d}x$.

4. 计算$\int_4^9\frac{\sqrt{x}}{\sqrt{x}-1}\mathrm{d}x$.

5. 计算$\int_0^{\ln 2}\sqrt{\mathrm{e}^x-1}\mathrm{d}x$.

6. 计算$\int_1^{\mathrm{e}^3}\frac{1}{x\sqrt{1+\ln x}}\mathrm{d}x$.

7. 计算$\int_0^2|(1-x)^5|\mathrm{d}x$.

8. 计算$\int_0^1 x\mathrm{e}^{-x}\mathrm{d}x$.

9. 计算$\int_0^{\frac{\pi}{4}}x\sin x\mathrm{d}x$.

10. 计算$\int_0^1\ln(x+1)\mathrm{d}x$.

5.4 广义积分

5.4.1 无穷限的广义积分

如果定积分的上限或下限为无穷大,又如何求定积分的值呢?

设函数$f(x)$在区间$[a,+\infty)$上连续,取$b>a$.如果极限

$$\lim_{b\to+\infty}\int_a^b f(x)\mathrm{d}x$$

存在,则称此极限为函数$f(x)$在无穷区间$[a,+\infty)$上的**广义积分**,记为$\int_a^{+\infty}f(x)\mathrm{d}x$,即

$$\int_{a}^{+\infty} f(x)\,\mathrm{d}x = \lim_{b \to +\infty} \int_{a}^{b} f(x)\,\mathrm{d}x \tag{5.27}$$

这时也称广义积分 $\int_{a}^{+\infty} f(x)\,\mathrm{d}x$ 收敛.

如果上述极限不存在,函数 $f(x)$ 在无穷区间 $[a, +\infty)$ 上的广义积分 $\int_{a}^{+\infty} f(x)\,\mathrm{d}x$ 就没有意义,此时称广义积分 $\int_{a}^{+\infty} f(x)\,\mathrm{d}x$ 发散.

类似地,设函数 $f(x)$ 在区间 $(-\infty, b]$ 上连续,如果极限

$$\lim_{a \to -\infty} \int_{a}^{b} f(x)\,\mathrm{d}x$$

存在,则称此极限为函数 $f(x)$ 在无穷区间 $(-\infty, b]$ 上的广义积分,记为 $\int_{-\infty}^{b} f(x)\,\mathrm{d}x$,即

$$\int_{-\infty}^{b} f(x)\,\mathrm{d}x = \lim_{a \to -\infty} \int_{a}^{b} f(x)\,\mathrm{d}x \tag{5.28}$$

这时也称广义积分 $\int_{-\infty}^{b} f(x)\,\mathrm{d}x$ 收敛. 如果上述极限不存在,则称广义积分 $\int_{-\infty}^{b} f(x)\,\mathrm{d}x$ 发散.

类似的,设 $c \in (-\infty, +\infty)$,定义函数 $f(x)$ 在区间 $(-\infty, +\infty)$ 上的广义积分为

$$\int_{-\infty}^{+\infty} f(x)\,\mathrm{d}x = \int_{-\infty}^{c} f(x)\,\mathrm{d}x + \int_{c}^{+\infty} f(x)\,\mathrm{d}x = \lim_{a \to -\infty} \int_{a}^{c} f(x)\,\mathrm{d}x + \lim_{b \to +\infty} \int_{c}^{b} f(x)\,\mathrm{d}x \tag{5.29}$$

函数 $f(x)$ 在区间 $(-\infty, +\infty)$ 上的广义积分收敛的充要条件是:对于任意的 $c \in (-\infty, +\infty)$,则

$$\int_{-\infty}^{c} f(x)\,\mathrm{d}x \text{ 和} \int_{c}^{+\infty} f(x)\,\mathrm{d}x$$

都收敛.

如果 $\int_{-\infty}^{c} f(x)\,\mathrm{d}x$ 与 $\int_{c}^{+\infty} f(x)\,\mathrm{d}x$ 中有一个广义积分发散,则称广义积分 $\int_{-\infty}^{+\infty} f(x)\,\mathrm{d}x$ **发散**.

根据无穷限广义积分的定义,可将无穷限广义积分的计算进行归纳.

如果 $F(x)$ 是 $f(x)$ 的原函数,则:

① $\int_a^{+\infty} f(x)\,\mathrm{d}x = \lim\limits_{b\to+\infty}\int_a^b f(x)\,\mathrm{d}x = \lim\limits_{b\to+\infty} F(x)\Big|_a^b = F(x)\Big|_a^{+\infty}$

$= \lim\limits_{b\to+\infty} F(b) - F(a) = \lim\limits_{x\to+\infty} F(x) - F(a)$

② $\int_{-\infty}^{b} f(x)\,\mathrm{d}x = \lim\limits_{a\to-\infty}\int_a^b f(x)\,\mathrm{d}x = \lim\limits_{a\to-\infty} F(x)\Big|_a^b = F(x)\Big|_{-\infty}^{b}$

$= F(b) - \lim\limits_{a\to-\infty} F(a) = F(b) - \lim\limits_{x\to-\infty} F(x)$

③ $\int_{-\infty}^{+\infty} f(x)\,\mathrm{d}x = F(x)\Big|_{-\infty}^{+\infty} = \lim\limits_{x\to+\infty} F(x) - \lim\limits_{x\to-\infty} F(x)$

注 5.15 无穷限广义积分可以先求给定上下限的定积分,再对上限或者下限求极限得到.

例 5.23 计算广义积分 $\int_0^{+\infty}\frac{1}{1+x^2}\mathrm{d}x$.

解

$$\int_0^{+\infty}\frac{1}{1+x^2}\mathrm{d}x = \arctan x\Big|_0^{+\infty}$$

$$= \lim_{x\to+\infty}\arctan x - \arctan x\Big|_{x=0}$$

$$= \frac{\pi}{2} - 0 = \frac{\pi}{2}$$

例 5.24 讨论广义积分 $\int_a^{+\infty}\frac{1}{x^p}\mathrm{d}x\ (a>0)$的敛散性.

解 当 $p=1$ 时,则

$$\int_a^{+\infty}\frac{1}{x^p}\mathrm{d}x = \int_a^{+\infty}\frac{1}{x}\mathrm{d}x = \ln x\Big|_a^{+\infty} = +\infty$$

当 $p<1$ 时,则

$$\int_a^{+\infty}\frac{1}{x^p}\mathrm{d}x = \frac{1}{1-p}x^{1-p}\Big|_a^{+\infty} = +\infty$$

当 $p>1$ 时,则

$$\int_a^{+\infty}\frac{1}{x^p}\mathrm{d}x = \frac{1}{1-p}x^{1-p}\Big|_a^{+\infty} = \frac{a^{1-p}}{p-1}$$

因此,当 $p>1$ 时,此广义积分收敛,其值为$\frac{a^{1-p}}{p-1}$;当 $p\leqslant 1$ 时,此广义积分发散.

5.4.2 无界函数的广义积分

设函数$f(x)$在区间$(a,b]$上连续,而在点a的右邻域内无界. 如果极限

$$\lim_{t\to a^+}\int_t^b f(x)\,\mathrm{d}x$$

存在,则称此极限为函数$f(x)$在$(a,b]$上的**广义积分**,仍然记为$\int_a^b f(x)\,\mathrm{d}x$,即

$$\int_a^b f(x)\,\mathrm{d}x = \lim_{t\to a^+}\int_t^b f(x)\,\mathrm{d}x \tag{5.30}$$

这时也称广义积分$\int_a^b f(x)\,\mathrm{d}x$**收敛**.

如果上述极限不存在,就称广义积分$\int_a^b f(x)\,\mathrm{d}x$**发散**.

类似的,设函数$f(x)$在区间$[a,b)$上连续,而在点b的左邻域内无界. 如果极限

$$\lim_{t\to b^-}\int_a^t f(x)\,\mathrm{d}x$$

存在,则称此极限为函数$f(x)$在$[a,b)$上的广义积分,仍然记为$\int_a^b f(x)\,\mathrm{d}x$,即

$$\int_a^b f(x)\,\mathrm{d}x = \lim_{t\to b^-}\int_a^t f(x)\,\mathrm{d}x \tag{5.31}$$

这时也称广义积分$\int_a^b f(x)\,\mathrm{d}x$**收敛**. 如果上述极限不存在,就称广义积分$\int_a^b f(x)\,\mathrm{d}x$**发散**.

设函数$f(x)$在区间$[a,b]$上除点$c(a<c<b)$外连续,而在点c的邻域内无界. 如果两个广义积分

$$\int_a^c f(x)\,\mathrm{d}x \text{ 与} \int_c^b f(x)\,\mathrm{d}x$$

都收敛,则定义

$$\int_a^b f(x)\,\mathrm{d}x = \int_a^c f(x)\,\mathrm{d}x + \int_c^b f(x)\,\mathrm{d}x \tag{5.32}$$

否则,就称广义积分$\int_a^b f(x)\,\mathrm{d}x$发散.

根据无界函数广义积分的定义,可将无界函数广义积分的计算进行归纳.

如果 $F(x)$ 为 $f(x)$ 的原函数,则有:

①$f(x)$ 在区间 $(a,b]$ 上连续,而在点 a 的右邻域内无界,则

$$\int_a^b f(x)\,\mathrm{d}x = \lim_{t\to a^+}\int_t^b f(x)\,\mathrm{d}x = \lim_{t\to a^+} F(x)\Big|_t^b = F(x)\Big|_a^b$$

$$= F(b) - \lim_{t\to a^+} F(t) = F(b) - \lim_{x\to a^+} F(x)$$

②设函数 $f(x)$ 在区间 $[a,b)$ 上连续,而在点 b 的左邻域内无界,则

$$\int_a^b f(x)\,\mathrm{d}x = \lim_{t\to b^-}\int_a^t f(x)\,\mathrm{d}x = \lim_{t\to b^-} F(x)\Big|_a^t = F(x)\Big|_a^b$$

$$= \lim_{t\to b^-} F(t) - F(a) = \lim_{x\to b^-} F(x) - F(a)$$

③若函数 $f(x)$ 在区间 $[a,b]$ 上除点 $c(a<c<b)$ 外连续,则

$$\int_a^b f(x)\,\mathrm{d}x = \int_a^c f(x)\,\mathrm{d}x + \int_a^b f(x)\,\mathrm{d}x$$

$$= [\lim_{x\to c^-} F(x) - F(a)] + [F(b) - \lim_{x\to c^+} F(x)]$$

注 5.16　无界函数的广义积分仍然是先求给定上下限的定积分,再求极限得到.

例 5.25　计算广义积分 $\int_0^a \frac{1}{\sqrt{a^2-x^2}}\mathrm{d}x$.

解　由于 $\lim\limits_{x\to a^-}\frac{1}{\sqrt{a^2-x^2}} = +\infty$,因此被积函数在点 $x=a$ 处是无界的.

$$\int_0^a \frac{1}{\sqrt{a^2-x^2}}\mathrm{d}x = \lim_{x\to a^-} \arcsin\frac{x}{a} - 0 = \frac{\pi}{2}$$

例 5.26　计算广义积分 $\int_1^2 \frac{\mathrm{d}x}{x\ln x}$.

解

$$\int_1^2 \frac{\mathrm{d}x}{x\ln x} = \lim_{\varepsilon\to 0+}\int_{1+\varepsilon}^2 \frac{\mathrm{d}x}{x\ln x} = \lim_{\varepsilon\to 0+}\int_{1+\varepsilon}^2 \frac{\mathrm{d}(\ln x)}{\ln x} = \lim_{\varepsilon\to 0+}\ln(\ln x)\Big|_{1+\varepsilon}^2$$

$$= \lim_{\varepsilon\to 0+}[\ln(\ln 2) - \ln(\ln(1+\varepsilon))] = \infty$$

故原广义积分发散.

习题 5.4

1. 填空题：

(1) 若广义积分$\int_1^{+\infty}\frac{1}{x^q}\mathrm{d}x$发散，则必有 q ________.

(2) 若广义积分$\int_0^1\frac{1}{x^p}\mathrm{d}x$收敛，则必有 p ________.

(3) 广义积分$\int_0^{+\infty}x\mathrm{e}^{-x^2}\mathrm{d}x$ = ________.

(4) $\int_0^1\frac{1}{\sqrt{1-x^2}}\mathrm{d}x$ = ________.

2. 计算广义积分$\int_2^{+\infty}\frac{1}{x^2-1}\mathrm{d}x$.

3. 计算$\int_0^1\frac{\ln x}{\sqrt{x}}\mathrm{d}x$.

5.5　定积分的微元法

在定积分的应用中，经常使用的是微元法. 这里先回顾曲边梯形的面积.

设 $y=f(x)\geqslant 0\ (x\in[a,b])$，如果说积分

$$A=\int_a^b f(x)\mathrm{d}x$$

是以$[a,b]$为底的曲边梯形的面积，则积分上限函数

$$A(x)=\int_a^x f(t)\mathrm{d}t$$

就是以$[a,x]$为底的曲边梯形的面积，而微分$\mathrm{d}A(x)=f(x)\mathrm{d}x$ 表示点 x 处以 $\mathrm{d}x$ 为宽的小曲边梯形面积的近似值 $\Delta A\approx f(x)\mathrm{d}x$，$f(x)\mathrm{d}x$ 称为曲边梯形的面积**微元**，如图 5.4 所示.

以$[a,b]$为底的曲边梯形的面积 A 就是以面积微元 $f(x)\mathrm{d}x$ 为被积表达式，以$[a,b]$为积分区间的定积分，即

$$A=\int_a^b f(x)\mathrm{d}x$$

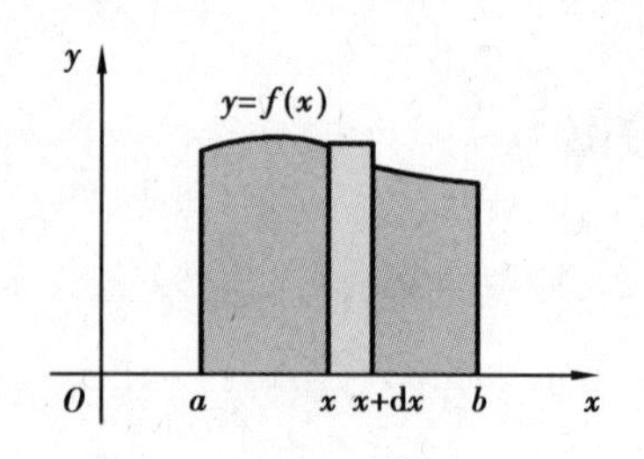

图 5.4　曲边梯形面积的微元

以上思路是一种深刻的思维方法，是先分割逼近，找到规律，再累计求和，达到了解整体. 它是对某事件作整体的观察后，取出该事件的某一微小单元(微元)进行分析，然后通过累加(连续情形的累加通过极限运算之后就是定积分)解决整体的方法. 从这点可总结得出微元法.

一般情况下，假定某一量 U 是一个与变量 x 的变化区间 $[a,b]$ 有关的量，且 U 在区间 $[a,b]$ 上具有可加性(累加特性). 为求某一量 U，可以先求这一量的微元 $dU(x)$，设 $dU(x)=u(x)dx$，然后以 $u(x)dx$ 为被积表达式，以 $[a,b]$ 为积分区间求定积分即得

$$U=\int_a^b u(x)\,dx$$

用这一方法求一量的值的方法称为**微元法**(有的教材也称元素法).

综上所述，“微元法”的步骤如下：

第 1 步：取微元. 针对整体对象，选择恰当的微元，作为研究的对象. 微元可以是：一小段线段，圆弧，一小块面积，一个小体积，小质量，一小段时间，等等. 但应具有整体对象的局部特征. 比如在求曲边梯形的面积问题中，整体要求得到面积，则微元应该选择一小块面积.

第 2 步：微元模型化. 运用几何或者物理规律，求解这个微元，即将微元的表达式写出. 比如在求曲边梯形的面积问题中，所选择的一小块微元曲边梯形的面积可以用小矩形的面积代替.

第 3 步：求和(定积分). 对各微元的结果进行叠加，以求出整体量的解.

微元法的应用很多，常见的有：平面图形的面积，体积，平面曲线的弧长，功，水压力，引力和平均值，等等. 在接下来的章节中选择部分讨论.

注：微元法的实质仍是“和式”的极限.

习题 5.5

1. 简述微元法的思想和步骤.
2. 微元法的实质是什么？

5.6 平面图形的面积

根据定积分的几何意义可知,若 $a<b$,曲线 $y=f(x)(f(x)\geqslant 0)$ 与直线 $x=a$,$x=b$以及 x 轴所围成图形的面积为

$$A=\int_a^b f(x)\,\mathrm{d}x$$

应用定积分的微元法,不但可求出曲边梯形的面积,还可求出更多复杂的平面图形的面积.

5.6.1 直角坐标情形

设平面图形由上下两条曲线 $y=f_2(x)$ 与 $y=f_1(x)$ 及左右两条直线 $x=a$ 与 $x=b$ 所围成,对于一个小区间$[x,x+\mathrm{d}x]$来讲,此时对应于一个很小的曲边矩形,其面积可用矩形的面积去近似,甚至其长就取近似取值为$f_2(x)-f_1(x)$,这就得到了曲边矩形的面积微元,且面积的微元为 $\mathrm{d}S=[f_2(x)-f_1(x)]\mathrm{d}x$,如图 5.5 所示.

于是该平面图形的面积为

$$S=\int_a^b[f_2(x)-f(x)]\,\mathrm{d}x \tag{5.33}$$

类似地,由左右两条曲线 $x=\varphi_2(y)$ 与 $x=\varphi_1(y)$ 及上下两条直线 $y=d$ 与 $y=c$ 所围成的平面图形的面积为

$$S=\int_c^d[\varphi_2(y)-\varphi_1(y)]\,\mathrm{d}y \tag{5.34}$$

例 5.27 计算抛物线 $y^2=x,y=x^2$所围成的图形的面积 S.

解 ①画图,如图 5.6 所示,得到两曲线的交点为(0,0)和(1,1).

②确定在 x 轴上的投影区间:[0,1].

③确定上下曲线:$f_2(x)=\sqrt{x},f_1(x)=x^2$.

④确定面积微元的值:$\mathrm{d}S=(\sqrt{x}-x^2)\mathrm{d}x$.

⑤计算定积分,即

$$S=\int_0^1(\sqrt{x}-x^2)\,\mathrm{d}x=\left[\frac{2}{3}x^{\frac{2}{3}}-\frac{1}{3}x^3\right]_0^1=\frac{1}{3}$$

例 5.28 计算抛物线 $y^2=2x$ 与直线 $y=x-4$ 所围成的图形的面积.

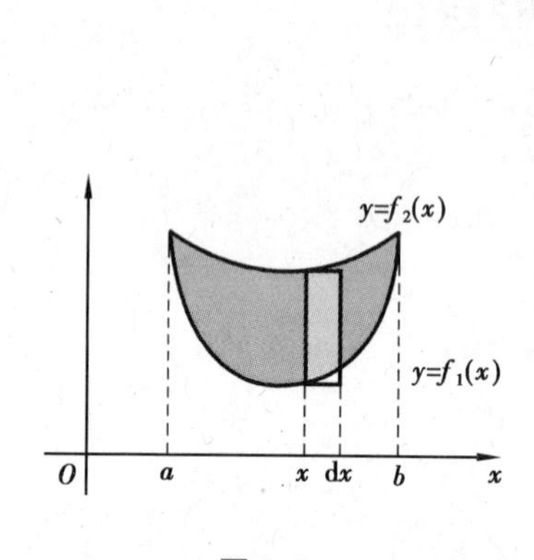

图 5.5

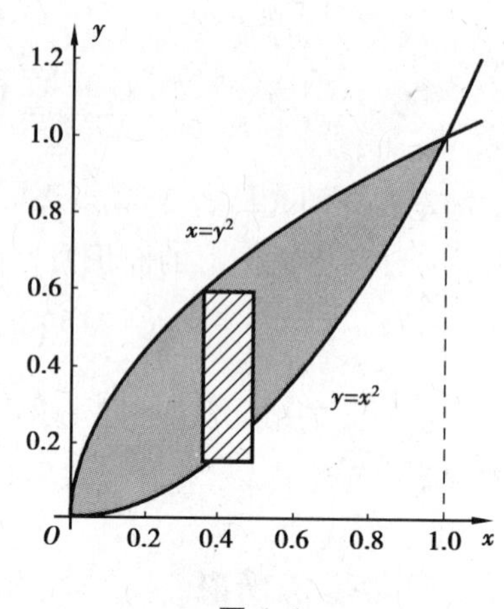

图 5.6

解 ①画图,如图 5.7 所示. 联立方程$\begin{cases}y^2=2x\\y=x-4\end{cases}$,得到两曲线的交点为(2,-2)和(8,4).

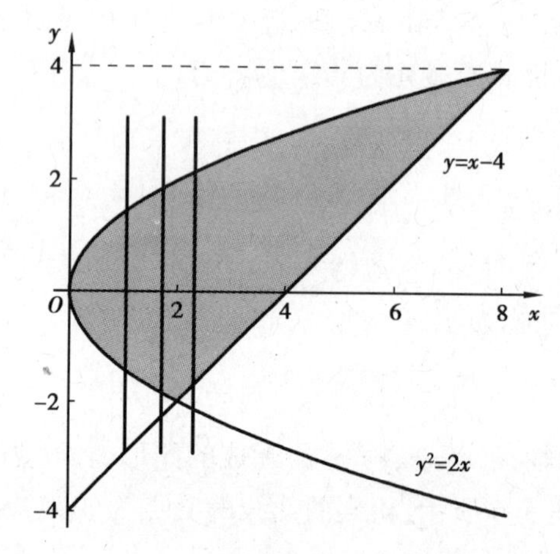

图 5.7

②确定在 y 轴上的投影区间:$[-2,4]$.

③确定左右曲线:$\varphi_1(y)=\frac{1}{2}y^2,\varphi_2(y)=y+4$.

④确定面积微元的值:$\mathrm{d}S=\left(y+4-\frac{1}{2}y^2\right)\mathrm{d}y$.

⑤计算定积分,即

$$S=\int_{-2}^{4}\left(y+4-\frac{1}{2}y^2\right)\mathrm{d}y=\left[\frac{1}{2}y^2+4y-\frac{1}{6}y^3\right]_{-2}^{4}=18$$

在例5.28中,若选择x为积分变量进行计算则复杂一点.因为当$x\in[0,2]$时,面积微元为$(2x-(-2x))\mathrm{d}x$;当$x\in[2,8]$时,面积微元为$(2x-(x-4))\mathrm{d}x$.但同样可以求解,只需要分段进行积分即可.

5.6.2　极坐标情形

有一类平面图形本身是极坐标表示的,是否可以不变换到直角坐标,而直接使用极坐标情形求其面积?现在讨论之.

由曲线$r=\varphi(\theta)$及射线$\theta=\alpha,\theta=\beta$围成的图形称为曲边扇形,如图5.8所示.

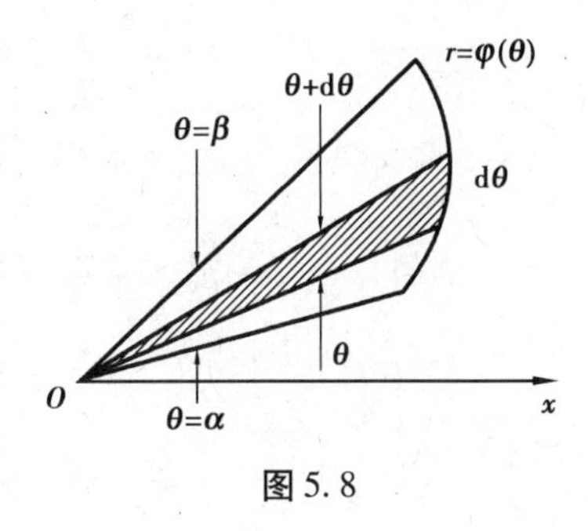

图5.8

当θ从α变到β的过程中,其极径$r=\varphi(\theta)$是变量,因此,其面积不能用扇形的面积公式得出.对于一个小区间$[\theta,\mathrm{d}\theta]$来讲,此时对应于一个很小的曲边扇形,其面积可用三角形的面积去近似,甚至其高就近似取值为$\varphi(\theta)$,这就得到了曲边扇形的面积微元,且曲边扇形的面积微元为

$$\mathrm{d}S=\frac{1}{2}[\varphi(\theta)]^2\mathrm{d}\theta \tag{5.35}$$

故曲边扇形的面积为

$$S=\int_{\alpha}^{\beta}\frac{1}{2}[\varphi(\theta)]^2\mathrm{d}\theta \tag{5.36}$$

例5.29　求纽线$r^2=a^2\cos 2\theta$所围成的图形的面积S.

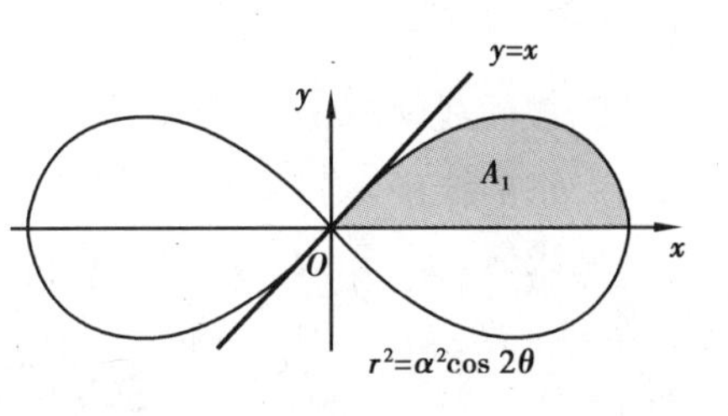

图5.9

解　①画图,如图5.9所示.

由对称性可知,总面积$S=4$倍第一象限部分面积(记为A_1),接下来先求A_1.

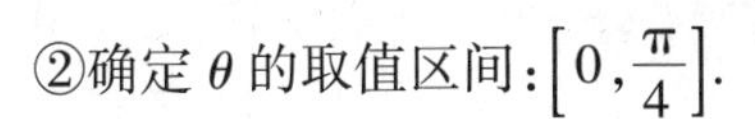

②确定θ的取值区间:$\left[0,\frac{\pi}{4}\right]$.

③确定面积微元的值:$\mathrm{d}A_1=\frac{1}{2}a^2\cos 2\theta\mathrm{d}\theta$.

④计算定积分,即

$$A_1 = \int_0^{\frac{\pi}{4}} \frac{1}{2}a^2\cos 2\theta \mathrm{d}\theta = \frac{a^2}{4}$$

于是得

$$S = a^2$$

习题 5.6

1. 选择题:

(1) 曲线 $y = \frac{1}{x}, y = x, x = 2$ 所围平面图形的面积为(　　).

A. $\int_1^2 \left(\frac{1}{x} - x\right)\mathrm{d}x$　　B. $\int_1^2 \left(x - \frac{1}{x}\right)\mathrm{d}x$

C. $\int_1^2 \left(2 - \frac{1}{y}\right)\mathrm{d}y + \int_1^2 (2 - y)\mathrm{d}y$　　D. $\int_1^2 \left(2 - \frac{1}{x}\right)\mathrm{d}x + \int_1^2 (2 - x)\mathrm{d}x$

(2) 曲线 $y = \mathrm{e}^x$ 与其过原点的切线及 y 轴所围平面图形的面积为(　　).

A. $\int_0^1 (\mathrm{e}^x - \mathrm{e}x)\mathrm{d}x$　　B. $\int_1^{\mathrm{e}} (\ln y - y\ln y)\mathrm{d}y$

C. $\int_1^{\mathrm{e}} (\mathrm{e}^x - x\mathrm{e}^x)\mathrm{d}x$　　D. $\int_0^1 (\ln y - y\ln y)\mathrm{d}y$

2. 填空题:

(1) 曲线 $y = x^2, y = \frac{1}{2}x$ 所围成的图形的面积为________.

(2) 曲线 $y = \frac{1}{2}\sin 2x, y = 1, x = 0, x = \frac{\pi}{2}$ 所围成的图形的面积为________.

3. 求曲线 $y = 3x^2 - 1, y = 5 - 3x$ 围成的平面图形的面积.

4. 求曲线 $y = \ln x, y = 0, x = \mathrm{e}$ 围成的平面图形的面积.

5. 求 $r = a\sin^3\theta (a > 0)$ 所围成平面图形的面积.

5.7 旋转体的体积

旋转体就是由一个平面图形绕该平面内一条直线旋转一周而成的立体. 该直线称为**旋转轴**.

常见的旋转体:圆柱(见图5.10)、圆锥(见图5.11)、圆台(见图5.12)、球体.

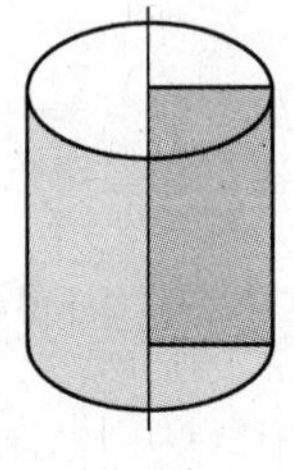
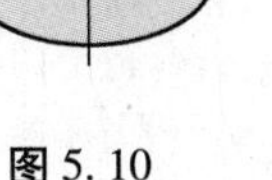

图5.10

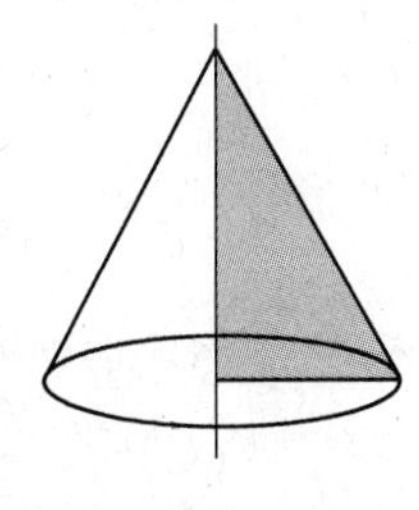

图5.11

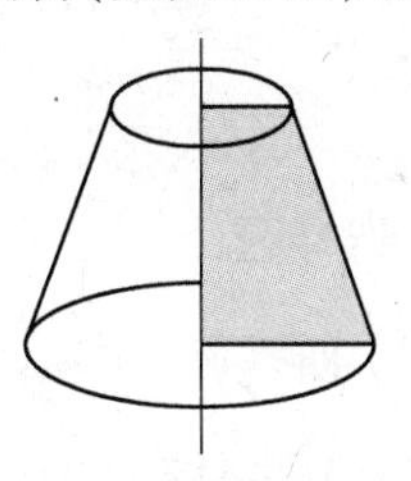

图5.12

旋转体都可看作是由连续曲线 $y=f(x)$、直线 $x=a,x=b$ 及 x 轴所围成的曲边梯形绕 x 轴旋转一周而成的立体.这样的旋转体的体积是多少呢?

对于一个小区间 $[x,x+\mathrm{d}x]$ 来讲,此时的旋转体对应于以 $\mathrm{d}x$ 为底的窄边梯形绕 x 轴旋转而成的薄片,其体积可用圆柱的体积去近似,其半径就近似取值为 $f(x)$,高为 $\mathrm{d}x$.这就得到了旋转体的微元,如图5.13所示.

于是体积微元为

$$\mathrm{d}V=\pi[f(x)]^2\mathrm{d}x \tag{5.37}$$

旋转体的体积为

$$V=\int_a^b\pi[f(x)]^2\mathrm{d}x \tag{5.38}$$

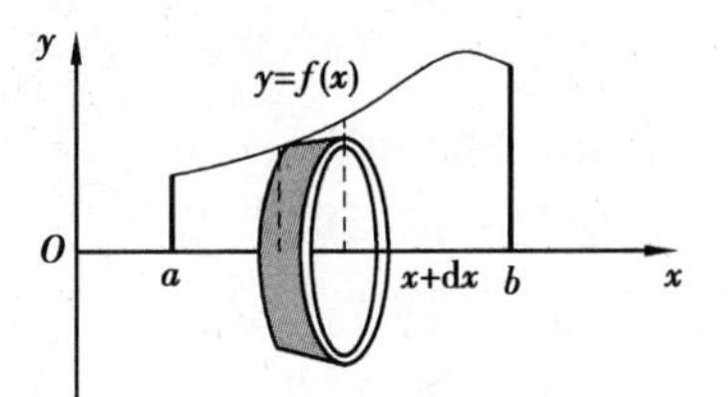

图5.13

例5.30 求由椭圆 $\dfrac{x^2}{a^2}+\dfrac{y^2}{b^2}=1$ 所成的图形绕 x 轴旋转而成的旋转体的体积.

解 这个旋转椭球体也可看作是由半个椭圆

$$y=\frac{b}{a}\sqrt{a^2-x^2}$$

及 x 轴围成的图形绕 x 轴旋转而成的立体.

体积元素为

$$\mathrm{d}V=\pi y^2\mathrm{d}x$$

于是所求旋转椭球体的体积为

$$V=\int_{-a}^{a}\pi y^2\mathrm{d}x=\int_{-a}^{a}\pi\frac{b^2}{a^2}(a^2-x^2)\mathrm{d}x$$

$$=\pi\frac{b^2}{a^2}\left(a^2x-\frac{1}{3}x^3\right)\Big|_{-a}^{a}=\frac{4}{3}\pi ab^2$$

习题 5.7

1. 选择题:

(1) 曲线 $y = \cos x, -\frac{\pi}{2} \leqslant x \leqslant \frac{\pi}{2}$ 与 x 轴围成的平面图形绕 x 轴旋转一周而成的旋转体的体积等于(　　).

A. $\frac{\pi}{2}$　　B. π　　C. $\frac{1}{2}\pi^2$　　D. π^2

(2) 曲边梯形 $f(x) \leqslant y \leqslant 0, a \leqslant x \leqslant b$, 绕 x 轴旋转而成的旋转体的体积为(　　).

A. $-2\pi \int_a^b xf(x)\,\mathrm{d}x$　　B. $\pi \int_a^b f^2(x)\,\mathrm{d}x$

C. $-\int_a^b xf(x)\,\mathrm{d}x$　　D. $\int_a^b f^2(x)\,\mathrm{d}x$

2. 求曲线 $y = x^2, x = y^2$ 围成的平面图形绕 y 轴旋转而形成的旋转体的体积.

3. 连接坐标原点 O 及点 $P(h,r)$ 的直线、直线 $x = h$ 及 x 轴围成一个直角三角形,将它绕 x 轴旋转构成一个底半径为 r、高为 h 的圆锥体. 计算该圆锥体的体积.

4. 分别求曲线 $y = x^3, y = 0, x = 2$ 围成的平面图形绕 x 轴、y 轴旋转而成的旋转体的体积.

5.8 定积分的应用综合举例

为了更有效地掌握定积分的应用,本节将再次举例.

例 5.31 求曲线 $y=2x^2+3x-5, y=1-x^2$ 围成的平面图形的面积.

解 两曲线交点为$(-2,-3)$和$(1,0)$,如图 5.14 所示.

于是所求面积为

$$S = \int_{-2}^{1} [(1 - x^2) - (2x^2 + 3x - 5)]\,\mathrm{d}x$$

$$= \int_{-2}^{1} (6 - 3x - 3x^2)\,\mathrm{d}x$$

$$= \left(6x - \frac{3}{2}x^2 - x^3\right)\Big|_{-2}^{1} = 13.5$$

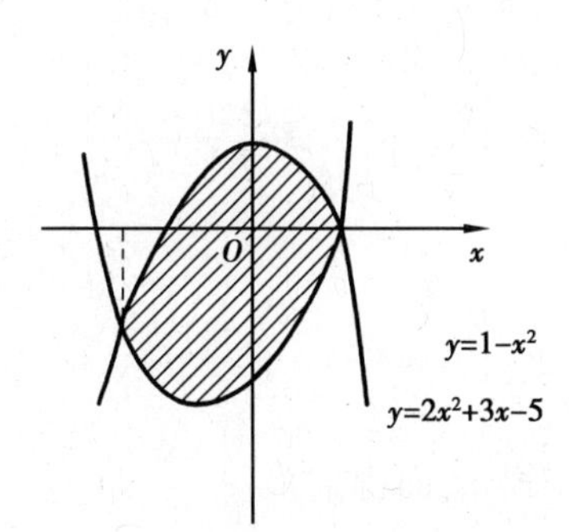

图5.14

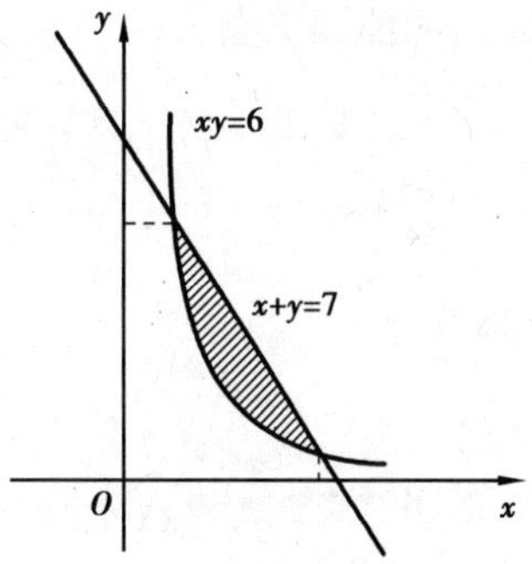

图5.15

例5.32 求曲线 $xy=6$, $x+y=7$ 围成的平面图形的面积.

解 两曲线交点为(1,6)和(6,1),如图5.15所示.

于是所求面积为

$$S=\int_1^6\left[(7-x)-\frac{6}{x}\right]dx$$

$$=\left(7x-\frac{1}{2}x^2-6\ln x\right)\Big|_1^6$$

$$=17.5-6\ln 6\approx 6.749$$

例5.33 计算阿基米德螺线 $r=a\theta$ $(a>0)$ 上相应于 θ 从0变到 2π 的一段弧与极轴所围成的图形的面积.

解 $S=\int_0^{a\pi}\frac{1}{2}(a\theta)^2 d\theta=\frac{1}{2}a^2\frac{1}{3}\theta^3\Big|_0^{2\pi}=\frac{4}{3}a^2\pi^3$

例5.34 计算心形线 $r=a(1+\cos\theta)$ $(a>0)$ 所围成的图形的面积.

解 $S=2\int_0^{\pi}\frac{1}{2}[a(1+\cos\theta)]^2 d\theta=a^2\int_0^{\pi}\left(\frac{3}{2}+2\cos\theta+\frac{1}{2}\cos 2\theta\right)d\theta$

$$=a^2\left(\frac{3}{2}\theta+2\sin\theta+\frac{1}{4}\sin 2\theta\right)\Big|_0^{\pi}=\frac{3}{2}a^2\pi$$

例5.35 求曲线 $y^2=2px$, $y=0$, $x=a$ $(p>0,a>0)$ 围成的平面图形绕 x 轴旋转而形成的旋转体的体积.

解 $V_x=\pi\int_0^a 2px\,dx=\pi px^2\Big|_0^a=\pi pa^2$

例5.36 求曲线 $y=x^2$, $x=y^2$ 围成的平面图形绕 y 轴旋转而形成的旋转体的体积.

解 两曲线交点为(0,0),(1,1),则

$$V_y = \pi\int_0^1 y\mathrm{d}y - \pi\int_0^1 y^4\mathrm{d}y = \pi\left(\frac{1}{2}y^2 - \frac{1}{6}y^5\right)\Big|_0^1 = \frac{3}{10}\pi$$

习题 5.8

1. 求曲线 $y=\frac{1}{x}$ 与直线 $y=x$ 及 $y=4$ 所围成图形的面积.

2. 求曲线 $y=\mathrm{e}^x,y=\mathrm{e},x=0$ 围成的平面图形的面积.

3. 求曲线 $r=2a\cos\theta$ 所围成的平面图形的面积.

4. 求曲线 $r=\sqrt{2}\sin\theta$ 及 $r^2=\cos 2\theta$ 所围成的平面图形的面积.

5. 计算抛物线 $y^2=4x$ 及直线 $x=1$ 所围成的图形绕 x 轴旋转所得到的旋转体的体积.

6. 计算抛物线 $y^2=4x$ 及直线 $x=1$ 所围成的图形绕 y 轴旋转所得到的旋转体的体积.

总习题 5

1. 单项选择题

(1)下列式子中,正确的是(　　).

A. $\left(\int_x^0 \cos t\mathrm{d}t\right)' = \cos x$　　B. $\left(\int_0^{\frac{\pi}{2}} \cos t\mathrm{d}t\right)' = \cos x$

C. $\left(\int_0^x \cos t\mathrm{d}t\right)' = 0$　　D. $\left(\int_0^x \cos t\mathrm{d}t\right)' = \cos x$

(2)若 $f(x)$ 是 $[-a,a]$ 上的连续偶函数,则 $\int_{-a}^a f(x)\mathrm{d}x = $(　　).

A. $\int_{-a}^0 f(x)\mathrm{d}x$　　B. 0　　C. $2\int_{-a}^0 f(x)\mathrm{d}x$　　D. $\int_0^a f(x)\mathrm{d}x$

(3)下列广义积分收敛的是(　　).

A. $\int_0^{+\infty} \mathrm{e}^x\mathrm{d}x$　　B. $\int_1^{+\infty} \frac{1}{x}\mathrm{d}x$　　C. $\int_0^{+\infty} \cos x\mathrm{d}x$　　D. $\int_1^{+\infty} \frac{1}{x^2}\mathrm{d}x$

(4)若 $f(x)$ 与 $g(x)$ 是 $[a,b]$ 上的两条光滑曲线,则由这两条曲线及直线 $x=a$,

$x=b$ 所围图形的面积(　　).

A. $\int_a^b |f(x)-g(x)|\mathrm{d}x$　　B. $\int_a^b (f(x)-g(x))\mathrm{d}x$

C. $\int_a^b (g(x)-f(x))\mathrm{d}x$　　D. $\left|\int_a^b (f(x)-g(x))\mathrm{d}x\right|$

(5)积分 $\int_{-\pi}^{\pi}(\mathrm{e}^x+\mathrm{e}^{-x})\sin x\mathrm{d}x$ 的值为(　　).

A. $\frac{1}{2}\mathrm{e}^x$　　B. e^x　　C. 0　　D. e^x-1

(6)定积分 $\int_{\frac{1}{2}}^{1}x^2\ln x\mathrm{d}x$ 值的符号为(　　).

A. 大于零　　B. 小于零　　C. 等于零　　D. 不能确定

(7)曲线 $y=x(x-1)(x-2)$ 与 x 轴所围成的图形的面积可表示为(　　).

A. $\int_0^1 x(x-1)(x-2)\mathrm{d}x$

B. $\int_0^2 x(x-1)(x-2)\mathrm{d}x$

C. $\int_0^1 x(x-1)(x-2)\mathrm{d}x-\int_1^2 x(x-1)(x-2)\mathrm{d}x$

D. $\int_0^1 x(x-1)(x-2)\mathrm{d}x+\int_1^2 x(x-1)(x-2)\mathrm{d}x$

2. 填空题

(1)根据定积分的几何意义,$\int_{-1}^{2}(2x+3)\mathrm{d}x=$ ________.

(2)设 $\int_{-1}^{1}2f(x)\mathrm{d}x=10$,则 $\int_{-1}^{1}f(x)\mathrm{d}x=$ ________.

(3) $\int_{-3}^{3}\frac{x^5\sin^2 x}{x^4+2x^2+1}\mathrm{d}x=$ ________.

(4) $\int_{1}^{+\infty}\frac{\mathrm{d}x}{x^4}=$ ________.

3. $\int_{\frac{\pi}{4}}^{\frac{\pi}{2}}\cot^2 x\mathrm{d}x=$ ________.

4. 求$\lim\limits_{n\to\infty}\frac{1}{n}\left(\frac{1}{\sqrt{n^2+1}}+\frac{2}{\sqrt{n^2+4}}+\cdots+\frac{n}{\sqrt{n^2+n^2}}\right)$.

5. 求$r=\sqrt{2}\sin\theta$及$r^2=\cos 2\theta$所围图形的公共部分的面积.

6. 有一铸件,系由抛物线$y=\frac{1}{10}x^2$,$y=\frac{x^2}{10}+1$与直线$y=10$围成的图形绕y轴旋转而成的旋转体.试算出其质量(长度单位是10^{-2}m,铸件密度7.8×10^3 kg/m^3).

部分习题参考答案

第1章

习题1.1

1. (1)B　(2)D　(3)A　(4)A　(5)C

2. (1)$[-1,3]$,2,0　(2)2

3. (1)$\{2,3\}$　(2)$\{1,2,3,4\}$

4. (1)$\{1,2,3,5\}$　(2)$\{1,3\}$　(3)$\{1,2,3,4,5,6\}$　(4)$\varnothing$　(5)$\{2\}$

5. (1)$\left[-\frac{2}{3},+\infty\right)$　(2)$(-\infty,-3)\cup(3,+\infty)$　(3)$(-\infty,-3)\cup(3,+\infty)$

6. (1)不同,因为定义域不同　(2)不同,法则不同　(3)相同

7. (1)偶函数　(2)奇函数　(3)既非奇函数,又非偶函数　(4)偶函数

8. 在$(0,+\infty)$上单调递增

9. (1)2π　(2)$\frac{2\pi}{3}$　(3)2　(4)非周期函数

10. $f(x)=\begin{cases}2x-2 & 0<x\leqslant 1\\(x-1)^2 & -1\leqslant x<0\end{cases}$

11. (1)$y=x^3-1$　(2)$y=\frac{1-x}{1+x}$　(3)$y=e^{x-1}-2$

12. $[-1,1]$

13. $y=\sqrt{4-\frac{4}{9}x^2}$,$x\in[0,3]$

习题1.2

1. (1)$y=(2-\cos^2x)^2$　(2)$y=\ln u$,$u=v^2$,$v=\sin w$,$w=3x+1$

(3)(1,e]

2. (1)$y=\sin^2 t$,定义域$(-\infty,+\infty)$　(2)$y=a^{x^2}$,定义域为$(-\infty,+\infty)$

(3)不能　(4)$y=\log_a(x^2-2)$,定义域为$(-\infty,-\sqrt{2})\cup(\sqrt{2},+\infty)$

3. (1)$y=\sqrt[3]{u},u=(1+x^2)$　(2)$y=2^u,u=(x+1)^2$

(3)$y=u^2,u=\sin v,v=2x+1$　(4)$y=\sqrt[3]{u},u=\log_a v,v=\cos^2 x$

4. $f[g(x)]=\begin{cases}10x & x<0\\ -6x & x\geqslant 0\end{cases}$

5. 不是

习题 1.3

1. (1)C　(2)B　(3)C　(4)B　(5)C　(6)C

2. (1)1　(2)0　(3)24　(4)0　(5)$\frac{1}{2}$

3. (1)0　(2)2　(3)1　(4)无极限

4—6. 略

7. (1)1　(2)1　(3) −1

8. 不存在

习题 1.4

1. (1)D　(2)C　(3)C　(4)B　(5)A

2. (1)3　(2)小　(3) 大

3. (1)$x\to 0$ 时,$x\sin x$,$\ln(1+x)$是无穷小量;$\frac{1}{x^2}$,$\frac{1}{x}$是无穷大量

(2)$x\to+\infty$ 时,$\frac{1}{x^2}$,$\frac{1}{x}$,e^{-x}是无穷小量;$\ln(1+x)$,e^x 是无穷大量

4. 略

5. (1)$\frac{2}{3}$　(2)2　(3)0

6. 无界,不是无穷大

习题 1.5

1. (1)D　(2)C　(3)A　(4)D

2. (1)$\frac{-5}{2}$　(2)$\frac{1}{2}$　(3) 0　(4)$\frac{1}{5}$

3. (1) -9　(2)1　(3)0　(4)$\frac{1}{2}$　(5)1　(6)2　(7) -1

(8)$\frac{1}{2}$

4. 0

习题 1.6

1. (1)C　(2)A　(3)C　(4)A

2. (1)$2A$　(2)1　(3)0　(4)$\frac{2}{3}$　(5)0

3. (1) $\frac{a}{b}$　(2)$\frac{1}{2}$　(3)1　(4)1　(5)e^2　(6)e^{-1}　(7)e

(8)e^a

4—5. 略

习题 1.7

1. (1)C　(2)D　(3)C　(4)D　(5)C

2. (1)0,二　(2)e^{-1}　(3)1　(4)2　(5)0

3. (1)$f(x)$在$(-\infty,0)\cup(0,+\infty)$上连续,$x=0$为可去间断点

(2)函数$f(x)$在$[0,2]$上是连续函数

(3)$f(x)$ $(-\infty,-1)\cup(-1,+\infty)$上连续 $x=-1$为第一类间断点

(4)$f(x)$在$(-\infty,0)\cup(0,+\infty)$上连续,$x=0$为第一类间断点

(5)$x=0$为第二类间断点

4. $a=e-1$

5. 略

习题 1.8

1—3. 略

总习题 1

1. (1)C　(2)B　(3)C　(4)A　(5)D　(6)B　(7)C

2. (1)$\frac{2\sqrt{2}}{3}$　(2) -1　(3)e^{-1}　(4)e^{-2}

3. $\left[\frac{4}{3},2\right)\cup(2,+\infty)$

4. $f(x)=\sin 2(x-2)$, $f\left(\frac{1}{x}\right)=\sin 2\left(\frac{1}{x}-2\right)$, $f(0)=-\sin 4$

5. e^{-1}

6. $a=1$ 或者 $a=0$

习题 2.1

1. (1)C　(2)A　(3)A　(4)D　(5)B

2. (1)$f'(a)$　(2)$x=-1$　(3)$\frac{5}{2}x^{\frac{3}{2}}$

3. (1)$y'=a$　(2)$f'(x)=-\sin x$

4. $a=2, b=-1$

5. $y=-x+\pi, y=x-\pi, y=-\frac{1}{2}\left(x-\frac{2}{3}\pi\right)+\frac{\sqrt{3}}{2}, y=2\left(x-\frac{2}{3}\pi\right)+\frac{\sqrt{3}}{2}$

6. 略

习题 2.2

1. (1)A　(2)A　(3)A　(4)A　(5)B　(6)B

2. (1)1　(2)$y=\frac{1}{e}(x-1)+e$　(3)2　(4)$-\frac{2}{3}f'(a)$　(5)24

3. (1)$y'=2ax+b$　(2)$y'=15x^2-2^x\ln 2+3e^x$

(3)$y'=2x\cos x-x^2\sin x$　(4)$y'=3a^x\ln a+\frac{2}{x^2}$

(5)$s'=\frac{-2\cos t}{(1+\sin t)^2}$　(6)$y'=\sec^2 t+2\cos t$

(7)$3\sin^2 x\cos x\cdot e^{\sin^3 x}$　(8)$(2x+1)e^{x^2+x-2}\cos(e^{x^2+x-2})$

(9)$\frac{e^x}{2\sqrt{1+e^x}}$　(10)$\frac{1}{\sqrt{2x+x^2}}$

(11)$\frac{1}{t\cdot\ln t\cdot\ln(\ln t)}$　(12) $y'=\frac{1}{2\sqrt{x-x^2}}$

4. $y'=\frac{y-x^2}{y^2-x}$

5. $y-\frac{25}{4}=3\left(x-\frac{3}{2}\right)$

习题 2.3

1.(1)B　(2)A　(3)B　(4)D　(5)C

2.(1) $-2\sin x - x\cos x$　(2) $\dfrac{-a^2}{(a^2-x^2)^{\frac{3}{2}}}$

(3) $y''=2xe^{x^2}(3+2x^2)$　(4) $2\sec^2 x\tan x$

(5) $\dfrac{(\sqrt{x}-1)e^{\sqrt{x}}}{4x\sqrt{x}}$　(6) $-\csc^2 x$

3. $f'''(2)=120(2+10)^3=207\ 360$

4.略

习题 2.4

1.(1)A　(2)C　(3)C

2.(1) x^2+c　(2) $\sin t+c$　(3) $-\dfrac{1}{w}\cos wx+c$　(4) $2\sqrt{x}+c$

(5) $-e^{-x}+c$

3. $dy\big|_{x=10,\Delta x=0.1}=1.9$

$dy\big|_{x=10,\Delta x=0.01}=0.19$

4.(1) $dy=\left(-\dfrac{1}{x^2}+\dfrac{1}{\sqrt{x}}\right)dx$　(2) $dy=(\sin 2x+2x\cos 2x)dx$

(3) $dy=\dfrac{1}{(x^2+1)\sqrt{x^2+1}}dx$　(4) $dy=\dfrac{2}{x-1}\ln(1-x)dx$

(5) $\sec t dt$　(6) $\left[\dfrac{-2\sin 2x}{1+\sin x}-\dfrac{\cos x\cos 2x}{(1+\sin x)^2}\right]dx$

(7) $dy=\dfrac{2xe^{x^2}}{1+e^{x^2}}dx$

5. $\sqrt[3]{996}\approx 9.987$

总习题 2

1.(1)A　(2)C　(3)D　(4)D　(5)D　(6)A　(7)A

2.(1) -1　(2) $4x^3$　(3) $-2f'(-x^2)dx$　(4) $-9!$

3.切线: $y=\dfrac{x}{e}$,发现 $y=-e(x-1)+1$

4.略

5. $\frac{dy}{dx}=\cot\frac{\varphi}{2}$ $\frac{d^2y}{dx^2}=\frac{-1}{a(1-\cos\varphi)}$

6. $x-y-\frac{3}{e^2}=0$

习题 3.1

1. (1)B (2)C (3)D (4)C (5)B (6)C

其余略

习题 3.2

1. (1)C (2)B

2. (1)1 (2)$\frac{1}{2}$ (3)1 (4)2 (5)∞ (6)0 (7)0

(8)$\frac{1}{2}$ (9)$-\frac{1}{2}$ (10)0

习题 3.3

1. $\sqrt{x}=2+\frac{1}{4}(x-4)-\frac{1}{64}(x-4)^2+\frac{1}{512}(x-4)^3-\frac{1}{4!}\cdot\frac{15}{16\sqrt{[4+\theta(x-4)]^7}}$

$(x-4)^4(0<\theta<1)$

2. $f(x)=1-9x+30x^3-45x^3+30x^4-9x^5+x^6$

习题 3.4

1. (1)D (2)C

2. 单调增加

3. 略

4. (1)在$(-\infty,-1)$,$[3,+\infty)$上单调增加,在$[-1,3]$上单调减少

(2)在$(-\infty,0)$,$\left(0,\frac{1}{2}\right]$,$[1,+\infty)$上单调减少,在$\left[\frac{1}{2},1\right]$上单调增加

(3)在$\left(0,\frac{1}{2}\right]$上单调减少,在$\left[\frac{1}{2},+\infty\right)$上单调增加

(4)在$(-\infty,+\infty)$上单调增加

5. 略

习题 3.5

1. (1)C (2)A (3)C

2. (1)局部　(2)$f'(x_0)=0$

3. (1)极小值为$f(0)=0$

(2)无极值

(3) $y\left(\frac{\pi}{4}+2k\pi\right)=e^{\frac{\pi}{4}+2k\pi}\cdot\frac{\sqrt{2}}{2}$是函数的极大值,$y\left[\frac{\pi}{4}+2(k+1)\pi\right]=-e^{\frac{\pi}{4}+2(k+1)\pi}\cdot\frac{\sqrt{2}}{2}$是函数的极小值

(4)极小值$y\left(-\frac{1}{2}\ln 2\right)=2\sqrt{2}$

(5)函数在$x=-2$处取得极小值$\frac{8}{3}$,在$x=0$处取得极大值4

(6)$y(e)=e^{\frac{1}{e}}$为函数$f(x)$的极大值

(7)$f(x)$极大值为$f(-1)=0$,极小值为$f(1)=-3\sqrt[3]{4}$

习题3.6

1. (1)最小值为$y(2)=-14$,最大值为$y(3)=11$

(2)最大值$y\left(-\frac{\pi}{2}\right)=\frac{\pi}{2}$,最小值$y\left(\frac{\pi}{2}\right)=-\frac{\pi}{2}$

(3)最大值20,最小值0

2. $\frac{2R}{\sqrt{3}}$

习题3.7

1. (1)D　(2)B　(3)D　(4)D　(5)C

2. (1)凹凸部分的分界点　(2)$f'(x)$在(a,b)内递增,或$f''(x)\geq 0$

3. (1)在$\left(-\infty,\frac{5}{3}\right]$上是凸的,在$\left[\frac{5}{3},+\infty\right)$上是凹的,拐点$\left(\frac{5}{3},-\frac{250}{27}\right)$

(2)在$(-\infty,-3a)$,$(0,3a)$上是同凹的,在$(-3a,0)$,$(3a,+\infty)$上是凸的,拐点$\left(-3a,-\frac{9}{4}a\right)$,$(0,0)$,$\left(3a,\frac{9}{4}a\right)$

(3)在$(-\infty,0)$上是凸的,在$(0,+\infty)$上是凹的,拐点$(0,0)$

(4)处处是凹的,没有拐点

(5)在$(0,+\infty)$内,曲线$y=\ln x$是凸的

(6)在$(-\infty,2]$上是凸的,在$[2,+\infty)$上是凹的,拐点$\left(2,\frac{2}{e^2}\right)$

4. 曲线无拐点

习题 3.8

1. $y=\frac{\pi}{2},y=-\frac{\pi}{2}$

2. $x=-2,x=3$

习题 3.9

全部略

总习题 3

1. (1)B (2)A (3)A (4)D (5)C (6)C (7)C

2. (1)1 (2)$(-\infty,0)$ (3)2 (4)$\frac{1}{x}=-[1+(x+1)+(x+1)^2+\cdots+(x+1)^n]$

3. 当$x\in\left(0,\frac{1}{2}\right)$时,单调减少,当$x\in\left(\frac{1}{2},+\infty\right)$时,单调增加

4. 在$(-\infty,-2)$上是凸的,在$(-2,+\infty)$上是凹的,拐点$(-2,-2e^{-2})$

5. $x=-1,y=0$

6. 长 18 m,宽 12 m

习题 4.1

1. (1)D (2)D (3)B

2. (1)$f(x)+c$ (2)$e^{-x^2}dx$ (3)$f(x)$ (4)C

3. 略

4. $x-\arctan x+C$

习题 4.2

1. (1)A (2)C (3)A (4)A (5)C

2. (1)$\frac{1}{\ln 3}3^x$ (2)$\cos x$ (3)$F(\ln x)+C$ (4)$\frac{25}{3}x^3-5x^2+x+C$ (5)$\frac{2^x}{\ln 2}+\frac{1}{3}x^3+C$

3. (1) $\frac{2}{5}x^{\frac{5}{2}}+C$

(2) $\frac{(x-2)^3}{3}+C$

(3) $\frac{x^3}{3}+\frac{2}{5}x^{\frac{5}{2}}-\frac{2}{3}x^{\frac{3}{2}}-x+C$

(4) $10\ln|x|-x^{-3}+C$

(5) $3\arctan x-2\arcsin x+C$

(6) $e^x+\frac{1}{x}+C$

(7) $\tan x-\sec x+C$

(8) $\tan x-x+C$

(9) $\sin x-\cos x+C$

(10) $-\frac{e^{-2t}}{2}\left(t+\frac{1}{2}\right)+C$

(11) $t\arcsin t+\sqrt{1-t^2}+C$

(12) $\frac{1}{2}x^2\ln(x-1)-\frac{1}{4}x^2-\frac{1}{2}x-\frac{1}{2}\ln(x-1)+C$

(13) $-\frac{1}{2}x^2+x\tan x+\ln|\cos x|+C$

(14) $x^2\sin x+2x\cos x-2\sin x+C$

(15) $x(\ln x)^2-2x\ln x+2x+C$

(16) $(\sqrt{2x-1}-1)e^{\sqrt{2x-1}}+C$

(17) $\ln[\ln(\ln x)]+C$

(18) $-3x^{\frac{2}{3}}\cos\sqrt[3]{x}+6\sqrt[3]{x}\sin\sqrt[3]{x}+6\cos\sqrt[3]{x}+C$

习题4.3

(1) $-\frac{2}{3}x^{-\frac{3}{2}}+C$

(2) $\frac{x^5}{5}+\frac{2}{3}x^3+x+C$

(3) $\frac{e^t a^t}{1+\ln a}+C$

(4) $2x-\frac{5}{\ln 2-\ln 3}\left(\frac{2}{3}\right)^{x}+C$

(5) $\frac{1}{2}(x+\sin x)+C$

(6) $\frac{1}{3}x^{2}\ln x-\frac{1}{9}x^{3}+C$

(7) $\frac{1}{3}x^{3}\arctan x-\frac{1}{6}x^{2}+\frac{1}{6}\ln(x^{2}+1)+C$

(8) $x(\arcsin x)^{2}+2\sqrt{1-x^{2}}\arcsin x-2x+C$

(9) $-\frac{1}{2}\left(x^{2}-\frac{3}{2}\right)\cos 2x+\frac{x}{2}\sin 2x+C$

(10) $\frac{1}{4}x^{2}+\frac{x}{4}\sin 2x+\frac{1}{8}\cos 2x+C$

(11) $\frac{1}{6}\sin^{6}x-\frac{1}{8}\sin^{8}x+C$

(12) $\frac{x^{2}}{2}\ln(x-1)-\frac{1}{4}x^{2}-\frac{1}{2}x-\frac{1}{2}\ln(x-1)+C$

总习题 4

1. (1)B　(2)A　(3)D　(4)C　(5)A　(6)D　(7)B

2. (1) $\sin x-\cos x+c$　(2) -3　(3) $\left(-\frac{1}{4}e^{-2x^{2}}+c\right)$　(4) $\frac{3}{2}\arcsin x+\frac{4}{3}x^{\frac{3}{2}}+C$

3. $3e^{x}+\frac{1}{2}(2e)^{x}+C$

4. $-\cos\ln x+C$

5. $\frac{1}{3}\left[(x+1)^{\frac{3}{2}}-(x-1)^{\frac{3}{2}}\right]+C$

6. $\frac{1}{2}e^{x}(\sin x+\cos x)+C$

习题 5.1

1. (1)C　(2)D　(3)B

2. (1)0　(2)$\frac{1}{2}$　(3)负　(4)$I_1 > I_2$　(5) $\geqslant$　(6) $\frac{\int_a^b f(x)\,dx}{b-a}$

3. e^2-3

4. $-\frac{1}{2}$

习题 5.2

1. (1)B　(2)A　(3)C

2. (1)$2xe^x$　(2)$2x\frac{\sin x^2}{1+\cos^2 x^2}$　(3) $-\varphi'(x)\sin^3[\varphi(x)]$　(4)1

(5)1

3. $\sin x^2$

4. $\frac{2}{3}$

习题 5.3

1. (1)C　(2)B　(3)C

2. (1)0　(2)$F(b)-F(a)$　(3)$e-\frac{1}{e}$　(4)$3x^2\sin(1+x^3)^3$

(5)$\frac{\pi}{2}$

3. $\frac{1}{2}\ \ln\frac{21}{20}$

4. $7+2\ln 2\frac{2}{3}$

5. $2-\frac{\pi}{2}$

6. 2

7. $\frac{1}{3}$

8. $1-\frac{2}{e}$

9. $\frac{\sqrt{2}}{2}\left(1-\frac{\pi}{4}\right)$

10. $2\ln 2-1$

习题5.4

1. (1)$\leqslant 1$　(2)<1　(3)$\frac{1}{2}$　(4)$\frac{\pi}{2}$

2. $\frac{1}{2}\ln 3$

3. -4

习题5.5

略

习题5.6

1. (1)B　(2)A

2. (1)$\frac{1}{48}$　(2)$\frac{\pi}{2}-\frac{1}{2}$

3. 13.5

4. 1

5. $\frac{5a^2\pi}{32}$

习题5.7

1. (1)B　(2)A

2. $\frac{3}{10}\pi$

3. $\frac{1}{3}\pi hr^2$

4. $V_x=18\frac{2}{7}\pi, V_y=12.8\pi$

习题5.8

1. $\frac{15}{2}-\ln 4$

2. 1

3. πa^2

4. $\frac{\pi}{6}+\frac{1-\sqrt{3}}{2}$

5. 2π

6. $\frac{16\pi}{5}$

总习题 5

1. (1)D　(2)C　(3)D　(4)A　(5)C　(6)B　(7)C

2. (1)12　(2)5　(3)0　(4)$\frac{1}{3}$

3. $1-\frac{\pi}{4}$

4. $\sqrt{2}-1$

5. $\frac{\pi}{6}+\frac{1-\sqrt{3}}{2}$

6. $741\pi\times10^{-3}$ kg

参考文献

[1] 同济大学数学系. 高等数学:上册[M].6 版.北京:高等教育出版社,2007.
[2] 叶仲泉. 高等数学:上册[M]. 北京:高等教育出版社,2007.
[3] 徐华锋,李华,梁利端,等. 高等数学[M]. 北京:清华大学出版社,2011.
[4] 马知恩,王绵森. 高等数学简明教程[M]. 北京:高等教育出版社,2009.
[5] James Stewart. Calculus[M]. Brooks/Cole Pub Co, 2011.
[6] George B Thomas, Maurice D Weir, Joel Hass, et al. Thomas' Calculus:12[M]. Pearson Addison Wesley Pub Co, 2005.